电网企业
一线员工 作业一本通

用电信息采集系统计量异常处理

（上册）

国网浙江省电力有限公司　组编

中国电力出版社
CHINA ELECTRIC POWER PRESS

图书在版编目（CIP）数据

电网企业一线员工作业一本通．用电信息采集系统计量异常处理：全 2 册 / 国网浙江省电力有限公司组编．—北京：中国电力出版社，2020.6（2022.3 重印）

ISBN 978-7-5198-4310-6

Ⅰ．①电⋯ Ⅱ．①国⋯ Ⅲ．①电力工业－职工培训－教材②用电管理－管理信息系统－故障修复－职工培训－教材 Ⅳ．① TM ② TM92

中国版本图书馆 CIP 数据核字（2020）第 024627 号

出版发行：中国电力出版社
地　　址：北京市东城区北京站西街 19 号（邮政编码 100005）
网　　址：http://www.cepp.sgcc.com.cn
责任编辑：刘丽平　王蔓莉
责任校对：黄　蓓　郝军燕　李　楠
装帧设计：张俊霞
责任印制：石　雷

印　　刷：河北鑫彩博图印刷有限公司
版　　次：2020 年 6 月第一版
印　　次：2022 年 3 月北京第二次印刷
开　　本：787 毫米 ×1092 毫米　横 32 开本
印　　张：11.625
字　　数：251 千字
印　　数：4001—4500 册
定　　价：58.00 元（上、下册）

内 容 提 要

　　本书为"电网企业一线员工作业一本通"丛书之《用电信息采集系统计量异常处理》分册，分上、下两册。上册主要介绍主站处理，包括综述篇、工单管理篇和主站分析篇，综述篇介绍术语和定义、计量异常简介和作业安全等内容；工单管理篇介绍工单处理流程、工单处理操作规范等内容；主站分析篇介绍基本操作规范和计量异常主站分析等内容。下册主要介绍现场处理，包括综述篇、基础准备篇、现场处理篇和应急篇，综述篇介绍术语和定义、计量异常分类和异常处理流程三大板块内容；基础准备篇介绍人员资质要求、个人防护要求、工器具准备、工作票和危险点预控措施等内容；现场处理篇介绍作业准备、现场工作和总结等内容；应急篇介绍计量异常运维现场可能遇到的四类典型突发事件的应对措施等内容。

　　本书可供电网企业从事用电信息采集系统计量异常处理人员培训和自学使用。

前　言

　　随着电力市场化改革的逐步深化、泛在电力物联网的全面推广，电力营销工作面临新的挑战。提高电力营销一线员工作业水平，推进数据精准采集全覆盖，是提升智能量测质量的重要环节，也是加快电力"三型两网"建设的客观需要。随着科技的发展，现代计量通过智能电表、采集终端等设备，实现了各类计量数据的采集。但由于所采集的电表电压、电流、电量和电表本身问题，形成了多种计量异常。目前，各基层供电所在台区计量异常现场处理工作中，存在异常判断不够明确、问题处理流程方法不够规范等问题。

　　为解决计量异常的处理方式不统一、操作流程不清晰、现场作业不规范等问题，国网浙江省电力有限公司组织经验丰富的一线技术骨干，编制了《用电信息采集系统计量异常处理》一书。围绕用电信息采集系统生成的计量异常，从主站分析、远程调试、工单流转、现场处理等方面，将用电信息采集系统计量异常的相关定义术语、分析处理全过程以图文并茂的形式展现出来，对规范现场工作，开展用电信息采集系统计量异常处理工作具有较强的指导性和实用性。本书分上、下两册：上册主要介绍主站处理，包括综述篇、工单管理篇和主站分析篇；下册主要介绍现场处理，包括综述篇、基础准备篇、现场处理篇和应急篇。

本书图文并茂、有趣易学，既有清晰的流程图，又有翔实的文字说明，还配有典型案例，新员工只要按书中所述步骤去操作，就能很快掌握计量异常现场排查、处理基本技能，达到优质服务水平；老员工也可以从中获得启发，触类旁通，取得新进步。

本书在编制过程中得到了公司各级领导、相关部门和专家的大力支持，在此谨向参与本书编制、研讨、审稿、业务指导的各位领导、专家和有关单位致以诚挚的感谢！

由于编者水平有限，疏漏之处在所难免，恳请各位领导、专家和读者提出宝贵意见。

本书编写组

2019 年 12 月

目录 / Contents

上册

下册

Part 2　基础准备篇

Part 3　现场处理篇

Part 4　应急篇

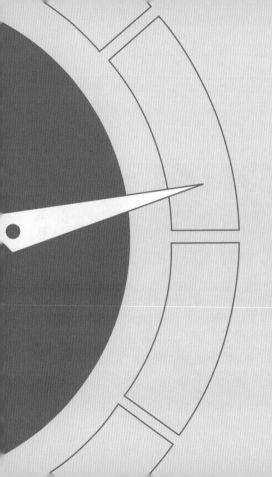

上 册

Part 1
》综述篇

　　本篇主要介绍了计量异常主站处理人员日常工作所需掌握的基本知识，旨在提升相关工作人员的操作规范性，强化基础技能。

　　本篇分为术语和定义、计量异常简介与作业安全三个部分，介绍了计量异常处理工作中的基本术语、信息与操作安全要求以及计量异常的分类、现象和整体处理流程。

（一）基本术语

序号	术语	定义
1	用电信息采集系统	对电力用户的用电信息进行采集、处理和实时监控的系统。实现用电信息的自动采集、计量异常监测、电能质量检测、用电分析和管理、相关信息发布、分布式能源监控、智能用电设备的信息交互等功能
2	用电信息采集终端	对各信息采集点用电信息进行采集的设备，简称采集终端。可以实现电能表数据的采集、数据管理、数据双向传输以及转发或执行控制命令。用电信息采集终端按应用场所分为专变采集终端、集中抄表终端（包括集中器、采集器）、分布式能源监控终端等类型
3	专变采集终端	对专变用户用电信息进行采集的设备，可以实现电能表数据的采集、电能计量设备工况和供电电能质量监测，以及客户用电负荷和电能量的监控，并对采集数据进行管理和双向传输

续表

序号	术　语	定　义
4	集中抄表终端	对低压用户信息进行采集的设备，包括集中器、采集器。集中器是指收集各采集终端或电能表的数据，并进行处理储存，同时能和主站或手持设备进行数据交换的设备。采集器是用于采集多个或单个电能表的电能信息，并可与集中器交换数据的设备。采集器依据功能可分为基本型采集器和简易型采集器。基本型采集器抄收和暂存电能表数据，并根据集中器的命令将存储的数据上传给集中器。简易型采集器直接转发集中器与电能表间的命令和数据
5	电能计量装置	包括各种类型电能表、计量用电压、电流互感器及其二次回路、电能计量柜（箱）等
6	回路状态巡检仪	用于对互感器回路状态监测的设备，实现电流回路正常连接、开路、短路等状态的监测，同时能够与主站或者手持设备进行数据交换
7	计量异常	由用电信息采集系统智能诊断生成的 7 大类 33 种计量问题的统称

（二）主站简介

1. 采集系统架构

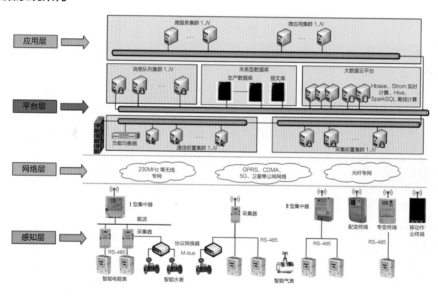

用电信息采集系统

2. 闭环系统架构

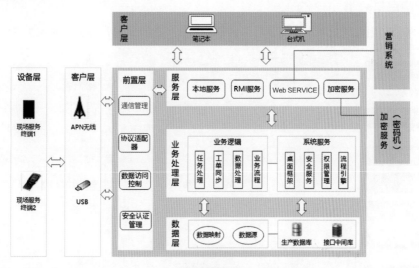

闭环系统架构

二 计量异常简介

（一）计量异常分类

目前，国网公司用电信息采集系统（后简称采集系统）的计量异常共分为 7 大类 33 种异常。

电量异常	电能表示值不平	自动核抄异常	电能表飞走	电能表倒走
	电能表停走	需量异常	电量波动异常	
电压、电流异常	电压失压	电压断相		电压越限
	电压不平衡	电流失流		电流不平衡
异常用电	电量差动异常	单相表分流	电能表开盖	恒定磁场干扰
负荷异常	需量超容	负荷超容	电流过流	负荷持续超下限	功率因数异常
时钟异常	电能表时钟异常			
接线异常	反向电量异常	潮流反向		其他错接线
回路巡检仪异常	二次短路（分流）	二次开路	一次短路	短接电能表
	电能表计量示值错误	回路串接半导体		磁场异常

（二）计量异常定义与主要原因

❶ 电能表示值不平
定义：电能表总电能示值与各费率电能示值之和不等。 主要原因： （1）采集数据错误； （2）电能表故障； （3）采集设备故障。

❷ 自动核抄异常
定义：电能表日冻结电能数据与主站抄表数据不一致。 主要原因： （1）采集数据错误； （2）时钟异常； （3）采集设备故障。

❸ 电能表飞走
定义：电能表日电量显著超过正常值。 主要原因： （1）采集数据错误； （2）电能表故障； （3）采集设备故障。

❹ 电能表倒走
定义：本次抄表数据与上次数据相比反而减小。 主要原因： （1）采集数据错误； （2）电能表故障； （3）采集设备故障。

❺ 电能表停走
定义：实际用电情况下电能表停止走字。 主要原因： （1）采集数据错误； （2）电能表故障； （3）采集设备故障。

❻ 需量异常
定义：电能表最大需量数据出现数值或时间错误。 主要原因： （1）电能表设定的转存日与营销抄表例日不一致； （2）采集数据错误； （3）电能表故障。

❼ 电量波动异常	❽ 电压失压	❾ 电压断相
定义：用户在更换计量设备前后出现平均日用电量差异很大的情况。 主要原因： （1）采集数据错误； （2）电能表故障； （3）用户用电量正常变化。	定义：某相负荷电流大于电能表的启动电流，但电压线路的电压持续低于电能表正常工作电压的下限。 主要原因： （1）中性点漂移； （2）现场用电异常（三相表单相或两相供电）； （3）接触不良； （4）电压互感器故障； （5）接线错误； （6）电能表故障； （7）一次侧电压异常； （8）采集数据错误。	定义：在三相供电系统中，计量回路中的相或两相断开的现象。某相出现电压低于电能表正常工作电压，同时该相负荷电流小于启动电流的工况就属于电压断相。 主要原因： （1）计量二次回路电压故障； （2）采集数据错误； （3）电能表故障； （4）现场用电异常（三相表单相或两相供电）； （5）一次侧电压异常。

⑩ 电压越限	⑪ 电压不平衡	⑫ 电流失流
定义：电压越上限、上上限以及电压越下限、下下限等异常现象。 **主要原因**： （1）中性点漂移； （2）一次侧电压异常； （3）电能表故障； （4）采集设备故障； （5）接线错误。	**定义**：三相电能表各相电压均正常（非失压、断相）的情况下，最大电压与最小电压差值超过一定比例。 **主要原因**： （1）高压熔丝故障； （2）中性点漂移； （3）接触不良； （4）电能表故障； （5）采集设备故障。	**定义**：三相电流中任一相或两相小于启动电流，且其他相电流大于5%额定（基本）电流。 **主要原因**： （1）现场用电异常（用户负荷不平衡）； （2）接线错误； （3）电流互感器故障； （4）接触不良； （5）电能表故障。

⑬ 电流不平衡

定义：三相三线电能表各相电流均正常（非失流）的情况下，最大电流与最小电流差值超过一定比例。

主要原因：
（1）现场用电异常（用户负荷不平衡）；
（2）电流互感器故障；
（3）接线错误；
（4）接触不良；
（5）电能表故障；
（6）无功装置故障。

⑭ 电量差动异常

定义：计量回路和比对回路（如交采回路）同时间段的电量差值超过允许值。

主要原因：
（1）采集数据错误；
（2）采集设备故障；
（3）电能表故障（计量失准）；
（4）接线错误。

⑮ 单相表分流

定义：单相表相线电流和零线电流存在差异。

主要原因：
（1）窃电；
（2）接线错误；
（3）电能表故障。

⑯ 电能表开盖

定义：电能表表盖或端钮盖打开时，形成相应的事件记录。

主要原因：
（1）人为原因开启表盖；
（2）因表盖未紧固、行程开关质量等其他问题导致误报。

⑰ 恒定磁场干扰

定义：三相电能表检测到外部有100mT以上强度的恒定磁场，且持续时间大于5s，记录为恒定磁场干扰事件。

主要原因：
电能表外部存在强磁场源。

⑱ 需量超容

定义：按最大需量计算基本电费的专变用户，电能表记录的最大需量超出用户合同容量，判断该用户需量超容。

主要原因：
（1）档案错误；
（2）采集数据错误；
（3）采集设备故障；
（4）现场用电异常（用户负荷过大）。

⑲ 负荷超容

定义：用户负荷超出合同约定容量。

主要原因：

（1）档案错误；

（2）采集数据错误；

（3）采集设备故障；

（4）现场用电异常（用户负荷过大）。

⑳ 电流过流

定义：经互感器接入的三相电能表某一相负荷电流持续超过额定电流。

主要原因：

（1）采集数据错误；

（2）采集设备故障；

（3）电流互感器配置不合理；

（4）现场用电异常（用户负荷过大）。

㉑ 负荷持续超下限

定义：315kVA 及以上专变用户连续多日用电负荷过小。

主要原因：

（1）采集数据错误；

（2）采集设备故障；

（3）档案错误（容量、计量互感器变比等用户数据与营销系统数据不一致）；

（4）现场用电异常（用户未生产或用电负荷较小）。

㉒ 功率因数异常

定义：用户日平均功率因数过低。

主要原因：

（1）采集数据错误；

（2）采集设备故障；

（3）用户未装设无功补偿装置或者无功补偿管理不善；

（4）接线错误。

㉓ 电能表时钟异常

定义：三相电能表时钟与标准时钟误差超过阈值。

主要原因：

电能表故障（电池失压引起）。

㉔ 反向电量异常

定义：非发电用户电能表反向有功总示值大于 0，且每日反向有功总示值有一定增量。

主要原因：

（1）档案错误；

（2）接线错误；

（3）电能表故障；

（4）用户负荷特性。

㉕ 潮流反向

定义：电流或功率出现反向。
主要原因：
（1）档案错误；
（2）用户负荷特性；
（3）电能表故障；
（4）采集数据错误。

㉖ 其他错接线

定义：由于安装质量或者人为窃电行为，造成一、二次计量装接错误或者设备损坏，影响计量准确性的错误接线。
主要原因：
（1）档案错误；
（2）电能表故障；
（3）接线错误；
（4）窃电。

㉗ 二次回路短路（分流）

定义：电流互感器二次侧发生短路或部分短路事件。
主要原因：
（1）接线错误；
（2）窃电；
（3）计量装置故障；
（4）采集数据错误（参数异常）。

㉘ 二次回路开路

定义：电流互感器二次回路发生开路事件。
主要原因：
（1）接线错误；
（2）窃电；
（3）计量装置故障；
（4）采集数据错误（参数异常）。

㉙ 一次短路

定义：电流互感器回路一次侧发生短路事件或一次绕接互感器。
主要原因：
（1）接线错误；
（2）窃电；
（3）计量装置故障；
（4）采集数据错误（参数异常）。

㉚ 短接电能表

定义：电能表输入端发生短路。
主要原因：
（1）接线错误；
（2）窃电；
（3）电能表故障；
（4）采集数据错误（参数异常）。

31 电能表计量示值错误

定义：电能表输入端发生部分短路或改变电能表内部采样电路。

主要原因：
（1）接线错误；
（2）电能表故障；
（3）采集数据错误。

32 回路串接半导体

定义：电流互感器二次侧使用半导体原件或专变用户一次侧全部整流使用。

主要原因：
（1）接线错误；
（2）窃电；
（3）计量装置故障；
（4）采集数据错误（参数异常）。

33 磁场异常

定义：计量表计附近磁场强度明显过高。

主要原因：
外部存在强磁场源。

（三）计量异常处理流程

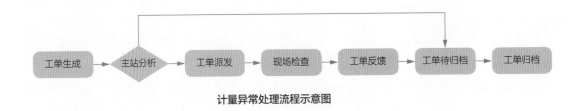

计量异常处理流程示意图

（1）计量异常发生后，在闭环管理系统内生成计量异常工单；

（2）根据主站智能分析和人工分析结合，完成主站分析环节；

（3）经过主站分析为误报或数据错误的，或经过远程处理能恢复的，由主站人员反馈工单；

（4）主站无法处理的异常工单，派工至相应的负责人进行现场检查；

（5）现场检查完成后，反馈工单，系统检测异常消除后，自动完成工单归档。

三 作业安全

用电信息采集系统是营销管理业务应用系统的基础数据源的提供者，为确保系统的安全性和保密性，安全防护工作首先应做到统一规划，全面考虑。

（一）禁止违规外联

（二）账户安全管理

操作用户的口令信息应保密，严禁泄露给他人，口令复杂度应满足要求并定期更换，口令长度不得小于8位，且为字母、数字或特殊字符的混合组合，用户名和口令不能相同。采集系统应启用登录失败处理功能，可采取结束会话、限制非法登录次数和自动退出等措施，限制同一用户连续失败登录次数。根据用户的角色分配权限，实现管理用户的权限分离，仅授予管理用户所需的最小权限。定期对账户进行管理，及时删除多余的、过期的账户，避免共享账户的存在。

（三）系统异常应对措施

当主站人员发现系统使用异常或无法登录等情况发生时，主站人员应及时与系统运维人员联系，将异常情况进行反馈，等待系统恢复。

当可登录系统的计算机出现病毒告警、违规外联告警、入侵告警等突发警报时应立即将计算机与所有连接的网络断开并关机，即时上报信息管理部门。

当对系统进行错误操作导致大面积异常发生时，应尽快锁定操作人员 IP 地址，禁止其操作，对操作过程进行详细记录后上报处理，减少误操作带来的损失。

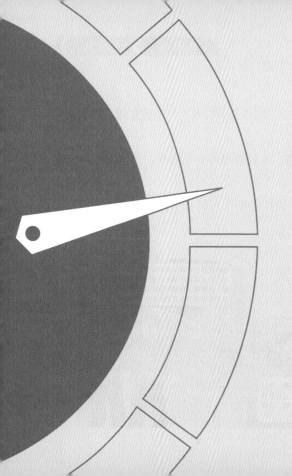

Part 2
》 工单管理篇

本篇主要介绍计量异常工单在采集运维闭环管理中的处理流程与操作规范，旨在提升计量异常工单处理的操作规范性。

本篇分为工单处理流程和工单处理操作规范两个部分，根据主站分析的不同结果，对工单进行分类处理，以及各环节相应的系统操作规范。

一 工单处理流程

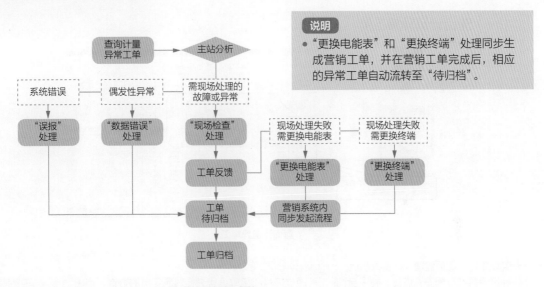

说明

- "更换电能表"和"更换终端"处理同步生成营销工单,并在营销工单完成后,相应的异常工单自动流转至"待归档"。

工单处理流程示意图

二 工单处理操作规范

（一）查询计量异常工单

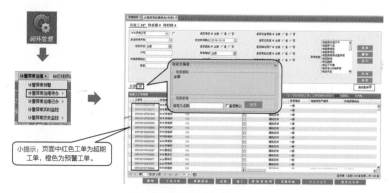

查询计量异常工单

- 菜单路径：闭环管理→计量异常运维→计量异常运维待办；
- 计量异常待办界面：点击"高级查询"，可通过户号和工单编号进行对应工单的查询；点击"⊕"，可根据标签进行自定义场景查询。

（二）主站分析

主站分析

- 在"待派工"页面中，选中异常工单，点击页面下方的"主站分析"，可查看系统对异常数据进行的自动分析结果；
- 在"主站分析"中可查看异常相关数据信息，初步定位异常原因。

（三）"误报"处理

主站处理人员进行计量异常分析时，如确认异常生成原因为主站误报，则选中"误报"填写"处理意见"，保存后工单流转至"待归档"。

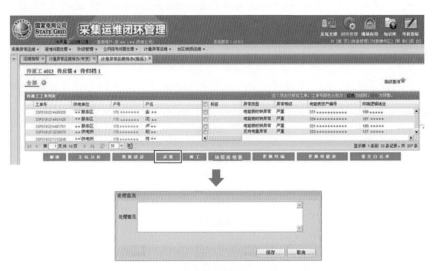

"误报"处理

（四）"数据错误"处理

主站处理人员进行计量异常分析时，如确认异常生成原因为采集数据出错，则选中"数据错误"填写"处理意见"，保存后工单流转至"待归档"。

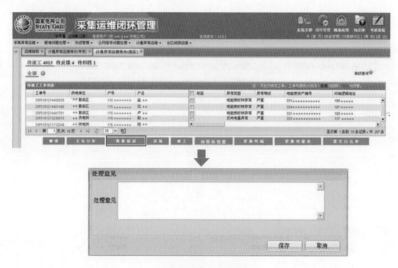

"数据错误"处理

电网企业一线员工作业一本通·用电信息采集系统计量异常处理(上册)

(五)"现场检查"处理

根据主站分析结果,对于需要进行现场检查处理的异常工单,将工单进行派发,派工后工单流转至"待反馈"。

转现场检查

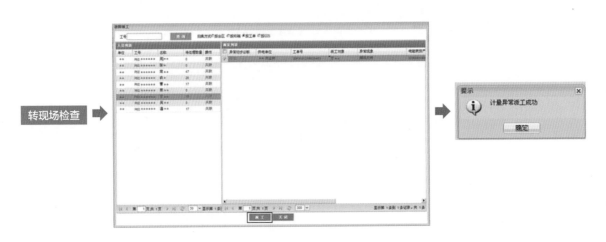

"现场检查"处理

24

（六）"更换终端"处理

现场检查后确认需要更换终端的工单，选中"更换终端"填写"处理意见"，保存后工单流转至"待反馈"，营销系统同步生成流程。

"更换终端"处理

（七）"更换电能表"处理

现场检查后确认需要更换电能表的，选中"更换电能表"填写"处理意见"，保存后工单流转至"待反馈"，营销系统同步生成流程。

"更换电能表"处理

（八）工单反馈

工单反馈

- 现场检查处理的工单，若发现需更换终端或电能表，在"待反馈"页面，选中异常工单，点击"更换终端"或"更换电能表"，同步自动生成营销工单。
- 现场检查处理的工单，若异常已处理完成，在"待反馈"页面，选中异常工单，填写反馈信息，点击"转待归档"。

（九）“待归档”处理

在“待归档”标签页内，可查看待归档的异常工单。

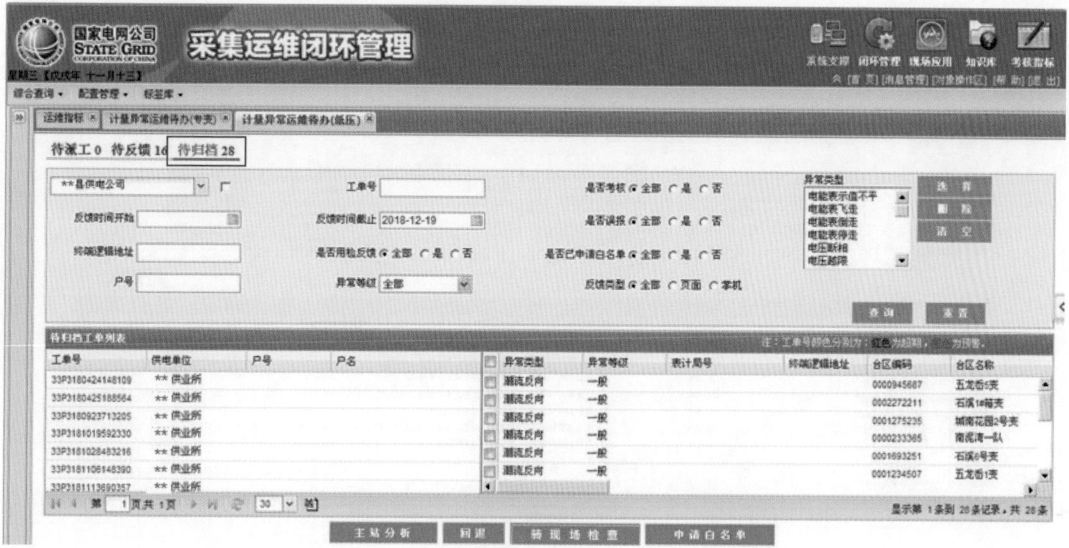

“待归档”处理

（十）归档

系统在判断故障恢复后，将自动完成工单归档。

归档

小提醒：已归档的工单，可在菜单栏中选择"计量异常运维"的下级菜单"计量异常已办"查看。

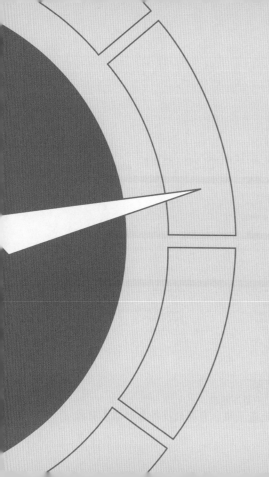

Part 3
》主站分析篇

　　本篇主要介绍各类计量异常工单在采集系统中的主站分析流程及基本操作，旨在提升主站分析人员的业务能力。

　　本篇分为基本操作规范和计量异常主站分析两个部分，分别介绍了主站分析过程中基本的系统操作步骤，并结合典型案例，介绍了各类计量异常工单的主站分析流程。

一 基本操作规范

（一）查询用户基本信息

- 登录采集系统，点击"统计查询"；
- 在菜单栏选择"综合查询"，在二级菜单中，选择"用户数据查询"；
- 输入用户信息，点击"查询"，双击用户名称，即可查看多项用户基本信息。

小提醒：可在采集系统中查询用户档案信息、抄表数据、电量数据、负荷数据等各种基本数据。

（二）档案同步

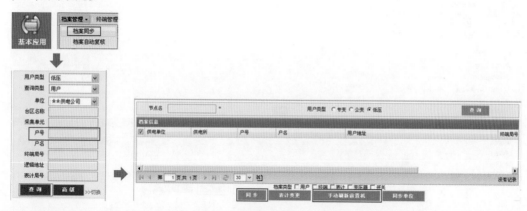

- 点击"基本应用"，在菜单栏选择"档案管理"，在二级菜单中，选择"档案同步"；
- 输入户号，点击"查询"，双击用户名，节点名处即显示该用户；
- 选中用户，点击"同步"，同步完成后，点击"手动刷新前置机"。

（三）数据召测

数据召测主要包括终端数据的召测以及电能表数据的中继召测。

- 点击"基本应用"，在菜单栏选择"数据采集管理"，在二级菜单中，选择"数据召测"及"单终端召测"；
- 输入用户户号，点击"查询"，双击选中该用户。

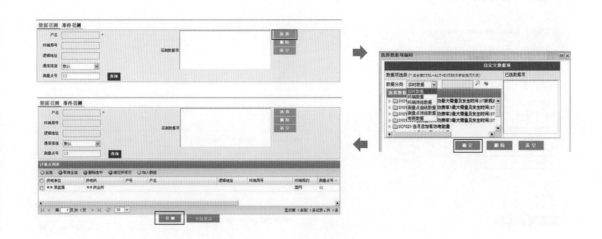

- 点击"选择"，在"选择数据编码"对话框中，选择需要召测的数据，点击确定；
- 选中用户，点击"召测"，待召测完成后，在弹出的对话框中，可查看召测出的数据。

小提醒：可召测数据包括实时数据、终端数据、终端冻结数据、测量点曲线数据、测量点冻结数据、电能表数据。

（四）参数设置

- 点击"基本应用"，在菜单栏选择"终端管理"，在二级菜单中，选择"参数管理"及"终端参数设置"；
- 输入用户户号，点击"查询"，双击选中该用户；
- 选择"终端"或"测量点"，选中参数项，点击"下发"。

（五）任务设置

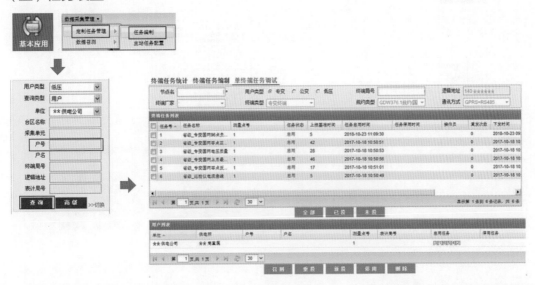

- 点击"基本应用"，在菜单栏选择"数据采集管理"，在二级菜单中，选择"定制任务管理""任务编制"；
- 点击"单终端任务调试"，选择用户视图，输入用户户号，点击"查询"，双击选中该用户。

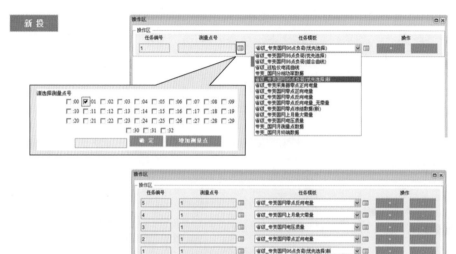

- 若终端任务未投运，则选中应投运的任务，点击"新投"；
- 在弹出页面中，选择任务模板，输入任务编号，选择对应的测量点号，点击"新投"。

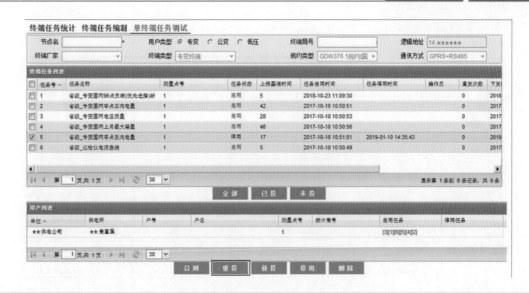

● 若终端任务投运不正常，则选中异常任务，点击"重投"。

小提醒：专变用户终端任务主要包括 96 点负荷、零点正向（反向）电量、上月最大需量和电压质量。
低压用户终端任务主要包括日冻结有功电能、96 点负荷曲线（面向对象协议），光伏用户的终端任务
还包括光伏日冻结正反向电能。

（六）报文查询

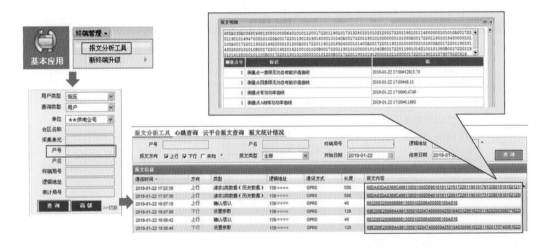

- 点击"基本应用"，在菜单栏选择"终端管理"，在二级菜单中，选择"报文分析工具"；
- 输入用户户号，点击"查询"，双击选中该用户；
- 点击"查询"，查看终端报文，确认下行报文是主站向终端下发的数据指令，上行报文是终端向主站上送数据；
- 点击"报文内容"，可查看详细的报文明细，包括测量点号、标识和值等数据。

(七) 终端管理—远程复位

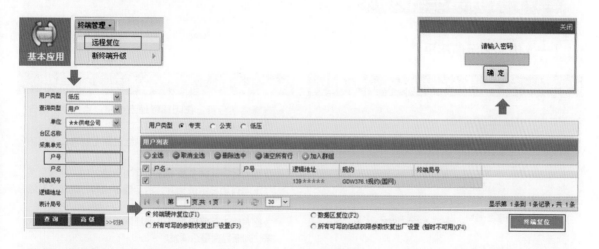

- 点击"基本应用",在菜单栏选择"终端管理",在二级菜单中,选择"远程复位";
- 输入用户户号,点击"查询",双击选中该用户;
- 根据实际情况选择复位项目,点击"终端复位",输入采集系统密码,点击确认。

二 计量异常主站分析

（一）电能表示值不平

一般处理步骤	关键点控制
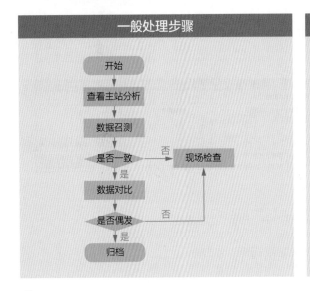	<ul><li>**查看主站分析**：在闭环管理系统中，点击"主站分析"，查看异常详细信息。</li><li>**数据召测**：在采集系统中，中继召测电能表正向有功总示值与各费率示值。</li><li>**是否一致**：计算各费率正向有功示值之和，判断是否与正向有功总示值相等；若示值不相等，则转"现场检查"环节。</li><li>**数据对比**：若示值相等，则观察第二天数据与历史数据，判断异常是否偶发。</li><li>**是否偶发**：若非偶发突变数据，则转"现场检查"环节；若为偶发突变数据，则转"数据错误"环节，进行归档。</li></ul>

典型案例：偶发原因

数据项名称		值
当前正向有功总电能		530.37
当前正向有功总电能费率1		0.00
当前正向有功总电能费率2	530.36	395.79
当前正向有功总电能费率3		0.00
当前正向有功总电能费率4		134.57
日冻结正向有功总电能		529.70
日冻结正向有功电能费率1		0.00
日冻结正向有功电能费率2	529.70	395.72
日冻结正向有功电能费率3		0.00
日冻结正向有功电能费率4		133.98

（1）查看"主站分析"，显示12月18日发生一起"示值不平"异常。

（2）中继召测电能表正向有功总示值与各费率示值，并计算各费率正向有功示值之和。如上图所示，电能表当前和日冻结数据的有功总示值与各费率示值之和都相等，判定电能表无故障。

典型案例：偶发原因

③

查询结果：【符号"←"含义为参见左列】

日期 ▼	局号(终端/表计)	正向有功总(kWh)	←尖	←峰	←平	←谷
2018-12-18	333***********************	561.1	0	390.19	0	130.9

➤ 521.09

④

查询结果：【符号"←"含义为参见左列】

日期 ▼	局号(终端/表计)	正向有功总(kWh)	←尖	←峰	←平	←谷
2018-12-19	333***********************	529.7	0	395.72	0	133.98
2018-12-18	333***********************	561.1	0	390.19	0	130.9
2018-12-17	333***********************	510.93	0	386.44	0	124.49
2018-12-16	333***********************	491.93	0	372.98	0	118.95
2018-12-15	333***********************	469.36	0	354.71	0	114.65
2018-12-14	333***********************	459.07	0	346.44	0	112.62

（3）查看异常发生当日抄表数据，发现各费率之和与正向有功总示值相差 40.01。

（4）观察第二日抄表数据和历史数据，发现仅 12 月 18 日发生异常，19 日异常恢复，则判定为偶发性异常，转"数据错误"环节。

（二）自动核抄异常

一般处理步骤	关键点控制

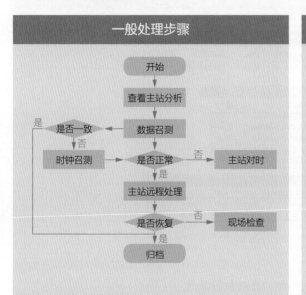

- 查看主站分析：在闭环管理系统中，点击"主站分析"，查看异常详细信息。
- 数据召测：在采集系统中，中继召测电能表日冻结正向有功总电能量。
- 是否一致：查看主站抄表数据，判断是否与电能表日冻结数据一致；若一致则转"误报"环节，进行归档。
- 时钟召测：若不一致，则召测电能表和终端时钟，判断时钟是否正常。
- 是否正常：若时钟异常，则进行时钟对时处理；若时钟正常，则判定抄表数据是否明显示值不平或突变。
- 主站远程处理：通过下发参数、远程复位等手段进行主站远程处理。
- 是否恢复：若数据未恢复转"现场检查"环节；若数据恢复正常则选择"数据错误"，转"待归档"环节。

典型案例：采集数据错误

❶ 计量异常处理明细

	工单号	工单状态	单位	户号	户名	异常类型	异常发生日期
☐	33P3190209492011	已归档	＊＊供…	46122…	舟山市…	自动核抄异常	2019-02-09 02:01:31

❷

召测结果列表

单位 ▲	户号	户名	数据项名称	值
＊＊供电所	461…	舟山…	日冻结正向有功总电能	775.53
＊＊供电所	461…	舟山…	日冻结正向有功电能费率1	75.86
＊＊供电所	461…	舟山…	日冻结正向有功电能费率2	441.64
＊＊供电所	461…	舟山…	日冻结正向有功电能费率3	0.00
＊＊供电所	461…	舟山…	日冻结正向有功电能费率4	258.02

查询结果：【符号"←"含义为参见左列】

日期 ▼	局号（终端表计）	正向有功总(kWh)	←尖	←峰	←平	←谷
2019-02-20	33101010＊＊＊＊＊＊	775.64	184.73	173.1	218.91	198.88
2019-02-19	33101010＊＊＊＊＊＊	773.03	184.18	172.66	218.24	197.93
2019-02-18	33101010＊＊＊＊＊＊	770.71	183.56	172.21	217.74	197.18
2019-02-17	33101010＊＊＊＊＊＊	768.57	182.98	171.79	217.19	196.59
2019-02-16	33101010＊＊＊＊＊＊	766.59	182.46	171.37	216.67	196.07

（1）查看"主站分析"，显示2月9日发生一起"自动核抄异常"。

（2）中继召测电能表日冻结正向有功总电能量，并查看主站抄表数据，发现两者不一致。

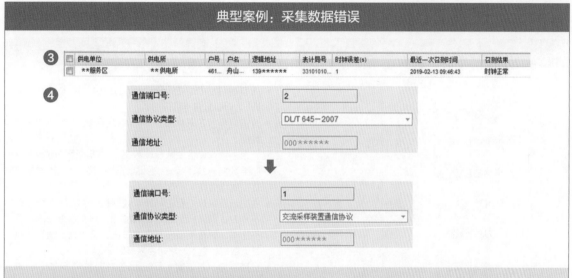

（3）查看电能表和终端时钟，发现时钟正常。

（4）召测终端数据，发现参数异常，重新下发参数，数据恢复，反馈"数据错误"，转"待归档"环节。

（三）电能表飞走

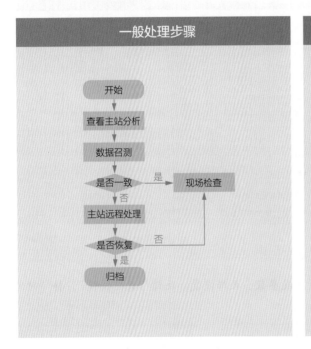

一般处理步骤	关键点控制

- **查看主站分析**：在闭环管理系统中，点击"主站分析"，查看异常详细信息。
- **数据召测**：在采集系统中，中继召测电能表日冻结数据。
- **是否一致**：查看主站抄表数据，判断是否与电能表日冻结数据一致，若一致则说明发生电能表飞走异常，转"现场检查"环节。
- **主站远程处理**：若主站抄表数据和电能表日冻结数据不一致，则进行测量点参数检测，判断是否正确，若不正确，则重新下发测量点参数；若正确，则观察第二天数据，查看异常是否恢复。
- **是否恢复**：若恢复，反馈后转"待归档"环节；若未恢复则转"现场检查"环节。

典型案例：采集数据错误

①

计量异常处理明细

	工单号	工单状态	单位		户号	户名	异常类型	异常发生日期		异常恢复日期
☐	33P3180829482107	新故障	＊＊供电所		176...	＊＊...	电能表飞走	2018-08-29 04:38:25		

②

查询结果:【符号 "--"含义为参见左列】

日期 ˅	局号(终端/表计)	正向有功总(kWh)	←尖	←峰	←平	←谷	正向无功...	反向无功总(...	无功电能 I (kvarh)	←II	←III	←IV	最大需量(kW)
2018-08-30	333＊＊＊＊＊＊	3979.97	235.14	2266.37	0	1478.45			258.17	0	0	913.77	1.1526
2018-08-29	333＊＊＊＊＊＊	3970.06	234.73	2260.31	0	1475.01			256.88	0	0	913.7	1.1526
2018-08-28	333＊＊＊＊＊＊	0	0	0	0	0			0	0	0	0	
2018-08-27	333＊＊＊＊＊＊	3947.6	233.49	2246.28	0	1467.83			253.4	0	0	913.55	0.2722
2018-08-26	333＊＊＊＊＊＊	3944.29	233.19	2244.6	0	1466.48			253.29	0	0	913.29	0.2722
2018-08-25	333＊＊＊＊＊＊	3940.78	232.9	2242.97	0	1464.9			253.12	0	0	913.08	0.141

（1）查看"主站分析"，显示 8 月 29 日发生一起"电能表飞走"异常。

（2）某用户 8 月 29 日电量异常，与 28 日相比，电量明显突变，异常告警显示为电能表飞走。

典型案例：采集数据错误

3 召测结果列表

单位	户号	户名	数据项名称	值
＊＊供电所	176＊＊＊＊＊＊	＊＊市	当前正向有功总电能	4097.86
＊＊供电所	176＊＊＊＊＊＊	＊＊市	当前正向有功总电能费率1	241.79
＊＊供电所	176＊＊＊＊＊＊	＊＊市	当前正向有功总电能费率2	2335.96
＊＊供电所	176＊＊＊＊＊＊	＊＊市	当前正向有功总电能费率3	0.00

4 查测结果：【符号 "-" 含义为参见左列】

日期	局号（终端表计）	正向有功总(kWh)	←尖	←峰	←平	←谷	正向无功	反向无功总	无功电能 I (kvarh)	←II	←III	←IV	最大需量(kW)
2018-08-30	333＊＊＊＊＊＊＊＊＊＊	3979.97	235.14	2266.37	0	1478.45			258.17	0	0	913.77	1.1526
2018-08-29	333＊＊＊＊＊＊＊＊＊＊	3970.06	234.73	2260.31	0	1475.01			256.88	0	0	913.7	1.1526
2018-08-28	333＊＊＊＊＊＊＊＊＊＊	0	0	0	0	0			0	0	0	0	0
2018-08-27	333＊＊＊＊＊＊＊＊＊＊	3947.6	233.49	2246.28	0	1467.83			253.4	0	0	913.55	0.2722

（3）按规范要求，中继召测电能表当前正向有功总、各费率有功数据，所得数据与抄表数据吻合。

（4）重新观察采集数据，发现 29 日数据与 27 日前数据吻合，28 日数据归零，偶发引起采集数据错误，反馈至待归档。

（四）电能表倒走

一般处理步骤	关键点控制

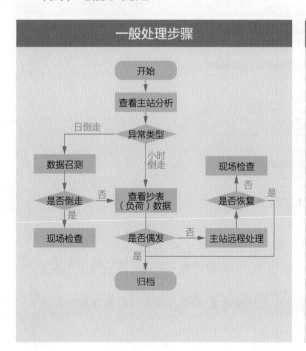

- 查看主站分析：在闭环管理系统中，点击"主站分析"，查看异常详细信息。
- 异常类别：查看异常信息，确认异常类别为日倒走或小时倒走。
- 数据召测：若为日倒走，则中继召测电能表当前和日冻结数据。
- 是否倒走：若数据吻合，确实存在倒走现象，则转"现场检查"环节。
- 查看抄表（负荷）数据：若数据不吻合，不存在倒走现象，则查看主站抄表示值；若为小时倒走，则查看主站负荷数据中的电能表示值，判断是否偶发。
- 是否偶发：若为偶发突变数据，则转"数据错误"环节进行归档；若非偶发突变数据，则说明终端上报的数据异常，重新下发测量点参数和任务后，远程重启终端，观察是否恢复。
- 是否恢复：查看数据是否恢复，若数据未恢复，则转"现场检查"环节；若已恢复，反馈后转"待归档"环节。

典型案例：采集数据错误

（1）查看"主站分析"，显示 8 月 17 日发生一起"电能表倒走"异常。

（2）查看异常发生当日的抄表数据，发现与 16 日相比，主站抄表示值总、峰、谷发生突变，判定异常类别为日倒走。

（3）中继召测当前正向有功总、各费率有功数据，发现恢复正常，偶发引起采集数据错误，反馈至待归档。

（五）电能表停走

一般处理步骤	关键点控制

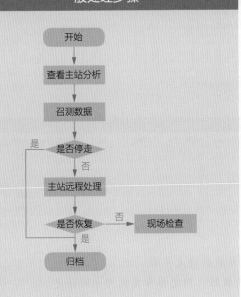

- 查看主站分析：在闭环管理系统中，点击"主站分析"，查看异常详细信息。
- 召测数据：中继召测电能表当前正向有功功率等数据判定是否停走。
- 是否停走：若为未发生电能表停走，则转"数据错误"环节，进行归档。
- 主站远程处理：若发生电能表停走，则重新下发测量点参数和任务后，远程重启终端，观察是否恢复。
- 是否恢复：若数据未恢复，则转"现场检查"环节；若已恢复，反馈后转"待归档"环节。

典型案例：开关电流引起异常

① 远程处理

| 户 号 | 1701***** | 户 名 | 商*** | 终端资产编号 | 333000*********** | 终端逻辑地址 | 1858 **** |

电能表停走
0.异常分析　　1.抄表数据查询　　2.基本数据召测

异常现象
29-1月 -19至08-2月 -19之间发生电能表停走。且该时间段内检测到有功功率的绝对值至少有3个点大于0.01。

② 查询结果

日期 ▼	局号(终端/表计)	瞬时有功(kW)	←无功(kvar)	A相电流(A)	←B相	←C相	零线电流(A)	A相电压(V)
2019-02-16 02:45:00	334 ********	0		0			0	242.7
2019-02-16 02:30:00	334 ********	0		0			0	244.3
2019-02-16 02:15:00	334 ********	0		0			0	241
2019-02-16 02:00:00	334 ********	0		0			0	243
2019-02-16 01:45:00	334 ********	0.0043		0			0	241.8
2019-02-16 01:30:00	334 ********	0		0			0	241.2

（1）查看"主站分析"，显示某低压用户发生电能表停走异常。

（2）进入采集系统，查看异常发生当日的抄表数据，判定异常类别为小时停走。

典型案例：开关电流引起异常

召测结果

召测失败

召测结果列表

单位	户号	户名	数据项名称 ▲	值
＊＊供电所	171...	陶...	当前A相电压	240.8
＊＊供电所	171...	陶...	当前A相电流	0.027
＊＊供电所	171...	陶...	当前总有功功率	0.0060
＊＊供电所	171...	陶...	日冻结正向有功总电能	496.77

（3）中继召测电能表的当前有功功率和日冻结数据，判定电能表疑似发生停走异常，转"现场检查"环节。

（4）经现场检查发现，现场确实未用电，为用户开关电流引起的误报。

（六）需量异常

一般处理步骤	关键点控制
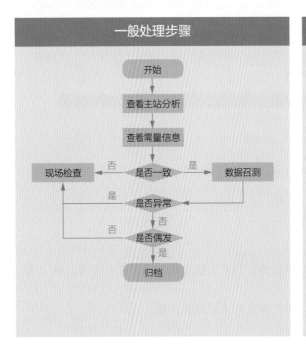	• **查看主站分析**：在闭环管理系统中，点击"主站分析"，查看异常详细信息。 • **查看需量信息**：在采集系统中，查看电能表转存日和营销抄表例日，判断两者是否一致。 • **是否一致**：若不一致，则转"现场检查"环节。 • **数据召测**：若一致，则中继召测电能表需量数据，判断需量是否异常（上月最大需量是否发生在上个抄表周期内）。 • **是否异常**：若需量异常，则转"现场检查"环节；若需量正常，则判断数据是否突变。 • **是否偶发**：若非偶发突变数据，则转"现场检查"环节；若为偶发突变数据，则转"数据错误"环节，进行归档。

（七）电量波动异常

一般处理步骤	关键点控制

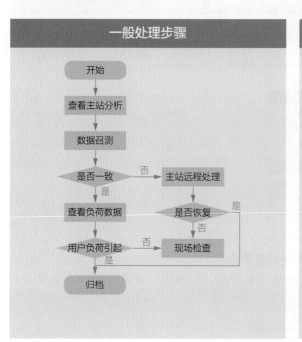

- 查看主站分析：在闭环管理系统中，点击"主站分析"，查看异常详细信息。
- 数据召测：在采集系统中，中继召测电能表日冻结数据，判断是否与当日主站系统的抄表数据一致。
- 是否一致：若一致，查看用户负荷数据，判断是否用户自身负荷变化引起（如通过查看营销系统是否存在增、减容流程等）；若不一致，则说明终端上报的数据异常，重新下发测量点参数和任务后，远程重启终端，观察是否恢复。
- 用户负荷引起：若是用户自身负荷变化引起，则转"派工"环节，反馈后转"待归档"环节；若无法判断是否由用户负荷引起，则转"现场检查"环节。
- 是否恢复：观察数据是否恢复，若数据未恢复，则转"现场检查"环节；若已恢复，反馈后转"待归档"环节。

典型案例一：电能表转存日错误

❶ 计量异常处理明细

工单号	工单状态	单位	户号	户名	异常发生日期	异常类型	异常恢复日期	营销工单号	历史发生次数
33P3180720352509	新故障	★★局直属	17211...	浙江...	2018-07-20 01:34:14	需量异常	2018-07-20 21:27:39		

❷ 召测结果列表

单位 △	户号	户名	数据项名称		值
★★局直属	172...	浙江...	自动抄表日期		25 00

← **抄表计划参数**	电网资源	用户信息	考核计量点信息		
抄表事件	**抄表周期**	**抄表例日**	**抄表方式**	**间隔月份**	**最后抄表月...**
电费结算抄表	每月	20	负控终端	1	201812
分次结算第1……N-2次抄表	每月多次	1	负控终端	1	201901
分次结算第1……N-2次抄表	每月多次	15	负控终端	1	201812

（1）查看"主站分析"，显示 7 月 20 日发生一起需量异常。

（2）进入采集系统，查看电能表转存日（自动抄表日期）为 25 日，查看营销抄表例日为 20 日，判定两者不一致，转"专项检查"环节。

（3）经现场检查，确认电能表转存日错误。

典型案例二：用户增容后用电量变大

① 计量异常处理明细

	工单号	工单状态	单位	户号	户名	异常发生日期	异常恢复日期	异常类型
☐	33P3181213236047	新故障	＊＊供电所	170...	绍兴...	2018-12-13 01:32:46		电量波动异常

② 召测结果列表

单位 ^	户号	户名	数据项名称		值
＊＊供电所	170...	绍兴...	日冻结正向有功总电能		10.41

查询结果：【带号 "--"含义为参见右列】

日期 ﹀	表号(总编/统计)	正向有功总(kWh)	尖一尖	尖一峰	尖一平	尖一谷	正向无功总(kvarh)	反向无功总(kvarh)	无功电能 I(kvarh)	尖一II
2018-12-18	333 ＊＊＊＊＊＊＊＊＊＊＊	10.41	0.85	4.97	0	4.58		0.56		0
2018-12-17	333 ＊＊＊＊＊＊＊＊＊＊＊	9.42	0.78	4.47	0	4.16		0.51		0
2018-12-16	333 ＊＊＊＊＊＊＊＊＊＊＊	8.52	0.72	4.05	0	3.74		0.4		0
2018-12-15	333 ＊＊＊＊＊＊＊＊＊＊＊	7.74	0.64	3.74	0	3.35		0.34		0
2018-12-14	333 ＊＊＊＊＊＊＊＊＊＊＊	6.6	0.56	3.17	0	2.86		0.3		0
2018-12-13	333 ＊＊＊＊＊＊＊＊＊＊＊	5.53	0.48	2.65	0	2.39		0.23		0
2018-12-12	333 ＊＊＊＊＊＊＊＊＊＊＊	4.44	0.4	2.08	0	1.95		0.21		0
2018-12-11	333 ＊＊＊＊＊＊＊＊＊＊＊	3.43	0.29	1.66	0	1.48		0.18		0
2018-12-10	333 ＊＊＊＊＊＊＊＊＊＊＊	2.16	0.2	0.95	0	1		0.15		0
2018-12-09	333 ＊＊＊＊＊＊＊＊＊＊＊	1.23	0.12	0.54	0	0.56		0.1		0
2018-12-08	333 ＊＊＊＊＊＊＊＊＊＊＊	0.43	0.06	0.22	0	0.13		0.03		0
2018-12-07	334 ＊＊＊＊＊＊＊＊＊＊＊	752.24	50.53	399.94	0	301.76		92.6		0
2018-12-06	334 ＊＊＊＊＊＊＊＊＊＊＊	751.79	50.49	399.7	0	301.59		92.51		0
2018-12-05	334 ＊＊＊＊＊＊＊＊＊＊＊	751.31	50.47	399.41	0	301.41		92.42		0
2018-12-04	334 ＊＊＊＊＊＊＊＊＊＊＊	750.85	50.46	399.15	0	301.23		92.33		0

（1）查看"主站分析"，显示某专变用户 12 月 13 日发生电量波动异常。

（2）查看抄表数据，并召测电能表日冻结数据，发现 12 月 7 日之后正向有功电量明显减小。

典型案例二：用户增容后用电量变大

（3）经营销系统查询，12月7日当天有增容流程，增容后用户更换互感器，日用电量变大，导致采集到的用户电量发生波动。

（八）电压失压

一般处理步骤	关键点控制

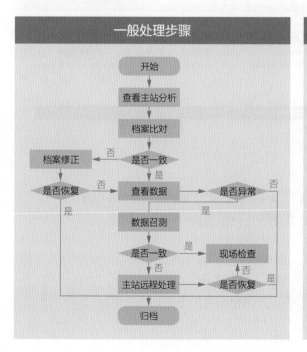

- 查看主站分析：在闭环管理系统中，点击"主站分析"，查看异常详细信息。
- 档案比对：在采集系统和营销系统中查询该用户档案（互感器和电能表相线等信息），判断档案是否一致。
- 是否一致：若档案不一致，则同步采集系统档案错误。
- 是否恢复：若档案修正后，异常恢复，则转"派工"环节，反馈后转"待归档"环节，若异常未恢复，则按照档案一致处理。
- 查看数据：查看用户负荷数据，数据正常转"待归档"。
- 数据召测：若数据异常，则分别召测终端和电能表数据。
- 是否一致：若终端和电能表数据一致，则确认电压失压异常，转"现场检查"环节。
- 主站远程处理：若不一致，则说明终端上报的数据异常重新下发测量点参数和任务后，远程重启终端，观察是否恢复。
- 是否恢复：若处理后恢复正常，反馈后转"待归档"环节；若未恢复，则转"现场检查"环节。

典型案例一：联合接线盒 A 相电压端子接触不良

计量异常处理明细

	工单号	工单状态	单位	户号	户名	用电地址	受电…	异常类型	异常发生日期	异常恢复日期
☐	33P3171213197350	新故障	＊＊供电所	170…	＊＊＊＊＊＊	… 浙江省 ＊＊＊＊＊ …	2600	电压失压	2017-12-13 04:32:06	2017-12-18 07:31:35

表计档案：		
表计局号：	表计状态: 运行	接线方式: 三相四线
CT: 20	PT: 1	自身倍率: 1

电能表信息

条形码	资产编号	出厂编号	类别	接线方式	电压	电流	综合倍率
300010＊＊＊＊＊＊＊＊＊	0001＊＊＊＊＊＊＊	0001＊＊＊＊＊＊＊	智能表	三相四线	3×220/380V 1.5 (6)A		20

（1）查看"主站分析"，显示 12 月 13 日发生一起"电压失压"异常。

（2）在采集系统和营销系统中查询该用户档案（互感器和电能表相线等信息），发现档案一致，无需修订。

典型案例一：联合接线盒 A 相电压端子接触不良

❸

日期 ▼	局号(终端/表计)	瞬时有功(kW)	←无功(kvar)	A相电流(A)	←B相	←C相	A相电压(V)	←B相	←C相	总功率因数	正向有功
2017-12-15 22:00:00	3340301017*******										4490.5
2017-12-15 21:45:00	3340301017*******	4.08	0.068	3.68	0.64	0.06	71.1	236	236.2	1	4490.49
2017-12-15 21:30:00	3340301017*******	2.406	0.052	3.7	9.04	0.08	73.1	235.5	236.2	1	4490.47
2017-12-15 21:15:00	3340301017*******	2.398	0.05	3.78	9.04	0.12	69.7	235.2	236.2	1	4490.44
2017-12-15 21:00:00	3340301017*******	2.394	0.068	3.6	9.06	0.12	69.6	235.6	236.2	1	4490.4
2017-12-15 20:45:00	3340301017*******	4.61	0.234	10.02	9.6	0.12	235.4	235.3	236.2	1	4490.35
2017-12-15 20:30:00	3340301017*******	4.534	0.024	6.22	9.04	0.24	235.6	235.4	236.3	1	4490.28

（3）查看该用户近期的负荷电压数据，发现 21:00 以后 A 相电压异常。

（4）发起"现场检查"环节，经现场确认发现用户联合接线盒 A 相电压端子接触不良。

典型案例二：线路停电

① 计量异常处理明细

	工单号	工单状态	单位	户号	户名	异常类型	异常发生日期
☐	33P3171216244196	新故障	＊＊供电所	170...	上虞市...	电压失压	2017-12-16 04:36:15
☐	33P3171216244197	新故障	＊＊供电所	170...	绍兴齐...	电压失压	2017-12-16 04:36:15
☐	33P3171216244198	新故障	＊＊供电所	171...	浙江上...	电压失压	2017-12-16 04:36:15

② 查询结果

日期 ▾	局号(终端/表计)	瞬时有功(kW)	←无功(kvar)	A相电流(A)	←B相	←C相	A相电压(V)	←B相	←C相	总功率因数
2017-12-15 21:45:00	333＊＊＊＊＊＊	0.52	0.44	0.2	-5.32	5.56	241.6	73.4	175	0.76
2017-12-15 21:30:00	333＊＊＊＊＊＊	0.544	0.456	0.2	-5.44	5.72	241.6	73.2	175.9	0.77
2017-12-15 21:15:00	333＊＊＊＊＊＊	0.496	0.412	0.2	-5.16	5.4	241.6	73.7	174	0.77
2017-12-15 21:00:00	333＊＊＊＊＊＊	0.592	0.496	0.2	-5.72	5.96	242.2	71.6	178.7	0.77
2017-12-15 20:45:00	333＊＊＊＊＊＊	5.268	2.796	8.16	8.28	8.36	240.7	241.3	241.6	0.88
2017-12-15 20:30:00	333＊＊＊＊＊＊	5.248	2.804	8.16	8.2	8.2	241.3	241.7	241.9	0.88

查询结果

日期 ▾	局号(终端/表计)	瞬时有功(kW)	←无功(kvar)	A相电流(A)	←B相	←C相	A相电压(V)	←B相	←C相	总功率因数
2017-12-15 21:45:00	334＊＊＊＊＊＊	4.08	0.068	3.68	0.64	0.06	71.1	236	171.4	1
2017-12-15 21:30:00	334＊＊＊＊＊＊	2.406	0.052	3.7	9.04	0.06	73.1	235.5	168.9	1
2017-12-15 21:15:00	334＊＊＊＊＊＊	2.398	0.05	3.78	9.04	0.12	69.7	235.2	173.4	1
2017-12-15 21:00:00	334＊＊＊＊＊＊	2.394	0.068	3.6	9.06	0.12	69.6	235.6	174.3	1
2017-12-15 20:45:00	334＊＊＊＊＊＊	4.61	0.234	10.02	9.6	0.12	235.4	235.3	236.2	1
2017-12-15 20:30:00	334＊＊＊＊＊＊	4.534	0.024	6.22	9.04	0.24	235.6	235.4	236.3	1

（1）采集运维闭环管理系统内，计量异常告警出现一批同一时间产生的电压失压异常。

（2）查询这批用户的档案，档案无误，查看负荷数据，发现它们都是同一条10kV线路下的高压用户，且都是同一时间点出现电压失压，电流数据明显降低。

典型案例二：线路停电

③ 查询结果

日期 ▾	局号(终端表计)	瞬时有功(kW)	←无功(kvar)	A相电流(A)	←B相	←C相	A相电压(V)	←B相	←C相	总功率因数
2017-12-15 21:45:00	333★★★★★★	0.52	0.44	0.2	-5.32	5.56	241.6	73.4	175	0.76
2017-12-15 21:30:00	333★★★★★★	0.544	0.456	0.2	-5.44	5.72	241.8	73.2	175.9	0.77
2017-12-15 21:15:00	333★★★★★★	0.496	0.412	0.2	-5.16	5.4	241.6	73.7	174	0.77
2017-12-15 21:00:00	333★★★★★★	0.592	0.496	0.2	-5.72	5.96	242.2	71.6	178.7	0.77
2017-12-15 20:45:00	333★★★★★★	5.268	2.796	8.16	8.28	8.36	240.7	241.3	241.6	0.88
2017-12-15 20:30:00	333★★★★★★	5.248	2.804	8.16	8.2	8.2	241.3	241.7	241.9	0.88

查询结果

日期 ▾	局号(终端表计)	瞬时有功(kW)	←无功(kvar)	A相电流(A)	←B相	←C相	A相电压(V)	←B相	←C相	总功率因数
2017-12-15 21:45:00	334★★★★★★	4.08	0.068	3.68	0.64	0.06	71.1	236	171.4	1
2017-12-15 21:30:00	334★★★★★★	2.406	0.052	3.7	9.04	0.08	73.1	235.5	168.9	1
2017-12-15 21:15:00	334★★★★★★	2.398	0.05	3.78	9.04	0.12	69.7	235.2	173.4	1
2017-12-15 21:00:00	334★★★★★★	2.394	0.068	3.6	9.06	0.12	69.6	235.6	174.3	1
2017-12-15 20:45:00	334★★★★★★	4.61	0.234	10.02	9.6	0.12	235.4	235.3	236.2	1
2017-12-15 20:30:00	334★★★★★★	4.534	0.024	6.22	9.04	0.24	235.6	235.3	236.3	1

（3）继续分析这些用户异常持续期间的电压、电流波动规律，未发现明显的中性点漂移特征。电压失压突然变化无逐渐变化过程，这些异常发生的具体时间均为21:00，又因失压前后电流数据明显下降，怀疑10kV供电线路停电引起，发起流程进行现场检查。现场检查确认是这些用户所属的10kV线路出现了断线故障，第二天线路故障处理完成后全部恢复正常。因异常原因是10kV供电线路断线故障，不影响计量准确性，故无需发起退补流程。

（九）电压断相

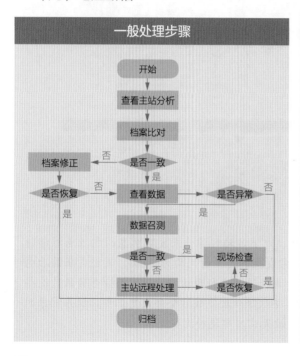

一般处理步骤	关键点控制

关键点控制

- 查看主站分析：在闭环管理系统中，点击"主站分析"，查看异常详细信息。
- 档案比对：在采集系统和营销系统中查询该用户档案（互感器和电能表相线等信息），判断档案是否一致。
- 是否一致：若档案不一致，则同步采集系统档案错误。
- 是否恢复：若档案修正后，异常恢复，则转"派工"环节，反馈后转"待归档"环节，若异常未恢复，则按照档案一致处理。
- 查看数据：查看用户负荷数据，数据正常转"待归档"。
- 数据召测：若数据异常，分别召测终端和电能表数据。
- 是否一致：若终端和电能表数据一致，则确认电压失压异常，转"现场检查"环节。
- 主站远程处理：若不一致，则说明终端上报的数据异常，重新下发测量点参数和任务后，远程重启终端，观察是否恢复。
- 是否恢复：若处理后恢复正常，反馈后转"待归档"环节；若未恢复，则转"现场检查"环节。

典型案例一：电能表电压采样回路故障

❶

计量异常处理明细								
☐ 工单号	工单状态	单位	户号	户名	用电地址	受电容量(kVA)	异常类型	异常发生日期
☐ 33P3181205530510	新故障	＊＊供电所	1701...	叶...	浙江省 ＊＊＊＊＊＊＊ ...	2	电压断相	2018-12-05 08:46:32

❷

表计档案:				
表计局号:		表计状态: 运行		接线方式: 三相四线
CT: 1		PT: 1		自身倍率: 1

电能表信息							
条形码	资产编号	出厂编号	类别	接线方式	电压	电流	综合倍率
0001000100062472800	000＊＊＊＊＊＊＊＊	000＊＊＊＊＊＊＊＊	智能表	三相四线	3×220/380V	5 (60)A	1

（1）查看"主站分析"，显示 12 月 5 日发生一起"电压断相"异常。

（2）在采集系统或营销系统中查询该用户档案（互感器和电能表相线等信息），发现档案一致，无需修正。

典型案例一：电能表电压采样回路故障

③ 查询结果

日期 ▾	瞬时有功(kW)	←无功(kvar)	A相电流(A)	←B相	←C相	零线电流(A)	A相电压(V)	←B相	←C相	A相位角
2018-12-05 10:15:00	1.7271		0.036	7.356	0		237	233.9	0	
2018-12-05 10:00:00	1.6845		0.321	6.976	0		238	234.5	0	
2018-12-05 09:45:00	0.087		0.325	0.145	0		236.9	236.3	0	
2018-12-05 09:30:00	0.0906		0.337	0.144	0		236.6	236.8	0	
2018-12-05 09:15:00	0.0175		0.035	0.07	0		238.9	236.3	0	
2018-12-05 09:00:00	0.0176		0.035	0.07	0		240.4	236.8	0	
2018-12-05 08:45:00	0.09		0.544	0.07	0		237.9	236.5	0	
2018-12-05 08:30:00	0.0176		0.035	0.07	0		239.5	237.5	0	
2018-12-05 08:15:00	0.0174		0.036	0.069	0		237.4	235.5	0	

④ 召测结果列表

单位 ▲	户号	户名	数据项名称	值
** 供电所	170...	叶...	当前A相电压	239.3
** 供电所	170...	叶...	当前B相电压	238.7
** 供电所	170...	叶...	当前C相电压	0.0

（3）查看该用户近期的负荷电压数据，C相电压为0，判定数据异常。

（4）分别召测终端和电能表的电压数据，发现两者一致，确认电压失压异常，转"现场检查"环节。

（5）经现场检查发现电能表电压采样回路故障，导致电压断相。

典型案例二：外部高压侧断相

①
日期 ▾	局号(终端/表计)	瞬时有功(kW)	—无功(kvar)	A相电流(A)	—B相	—C相	A相电压(V)	—B相	—C相	总功率因数
2015-03-16 03:00:00	BNM******(表计)	0.001	0	0	0	0	214	215	0	1
2015-03-16 02:00:00	BNM*****(表计)	0.001	0	0	0	0	214	215	0	1
2015-03-16 01:00:00	BNM*****(表计)	0.0009	0	0	0	0	213	215	0	1
2015-03-16 00:00:00	BNM*****(表计)	0.0009	0	0	0	0	214	215	0	1
2015-03-15 23:00:00	BNM*****(表计)	0.0009	0	0	0	0	214	215	0	1
2015-03-15 22:00:00	BNM*****(表计)	0.001	0	0	0	0	214	215	0	1
2015-03-15 21:00:00	BNM*****(表计)	0.0009	0	0	0	0	214	215	0	1
2015-03-15 20:00:00	BNM*****(表计)	0.0009	0	0	0	0	212	213	0	1
2015-03-15 19:00:00	BNM*****(表计)	0.0009	0	0	0	0	210	212	0	1
2015-03-15 18:00:00	BNM*****(表计)	0.0009	0	0	0	0	210	211	0	1
2015-03-15 17:00:00	BNM*****(表计)	0.0019	0	0	0	0	244	243	244	1
2015-03-15 16:00:00	BNM*****(表计)	0.0018	0	0	0	0	240	240	241	1
2015-03-15 15:00:00	BNM*****(表计)	0.0017	0	0	0	0	240	240	240	1
2015-03-15 14:00:00	BNM*****(表计)	0.0017	0	0	0	0	239	240	240	1
2015-03-15 13:00:00	BNM*****(表计)	0.0016	0	0	0	0	236	236	236	1
2015-03-15 12:00:00	BNM*****(表计)	0.0017	0	0	0	0	241	241	241	1

（1）采集系统计量异常告警界面出现某户电压断相异常告警。查询用户档案，确定该户为10kV 三相四线高供低计用户，电能表额定电压为 220V。

（2）查询负荷数据，发现异常持续期间，C 相电压突然为 0 且异常发生时，A 相、B 相电压均有明显下降。

典型案例二：外部高压侧断相

日期 ▼	局号(终端/表计)	瞬时有功(kW)	←无功(kvar)	A相电流(A)	←B相	←C相	A相电压(V)	←B相	←C相	总功率因数
2015-03-26 20:00:00	BNM★★★★★(表计)	0.0019	0	0	0	0	245	244	245	1
2015-03-26 19:00:00	BNM★★★★★(表计)	0.0018	0	0	0	0	242	242	243	1
2015-03-26 18:00:00	BNM★★★★★(表计)	0.0019	0	0	0	0	242	242	243	1
2015-03-26 17:00:00	BNM★★★★★(表计)	0.0017	0	0	0	0	240	240	241	1
2015-03-26 16:00:00	BNM★★★★★(表计)	0.0015	0	0	0	0	238	238	238	1
2015-03-26 15:00:00	BNM★★★★★(表计)	0.0015	0	0	0	0	239	239	240	1
2015-03-26 14:00:00	BNM★★★★★(表计)	0.0015	0	0	0	0	237	237	238	1
2015-03-26 13:00:00	BNM★★★★★(表计)	0.0037	0	0	0	0	238	238	238	1
2015-03-26 12:00:00	BNM★★★★★(表计)	0.0038	0	0	0	0	240	240	240	1
2015-03-26 11:00:00	BNM★★★★★(表计)	0.0041	0	0	0	0	248	247	248	1
2015-03-26 10:00:00	BNM★★★★★(表计)	0.0038	0	0	0	0	240	240	241	1
2015-03-26 09:00:00	BNM★★★★★(表计)	0	0	0	0	0	204	204	0	
2015-03-26 08:00:00	BNM★★★★★(表计)	0	0	0	0	0	204	206	10	
2015-03-26 07:00:00	BNM★★★★★(表计)	0	0	0	0	0	210	211	10	
2015-03-26 06:00:00	BNM★★★★★(表计)	0	0	0	0	0	213	214	10	
2015-03-26 05:00:00	BNM★★★★★(表计)	0	0	0	0	0	215	215	11	

（3）转"现场检查"环节，现场检查发现外部高压侧断相，现场恢复后，ABC三相电压均恢复正常。

典型案例三：B 相高压侧断相

(统计)	瞬时有功(kW)	←无功(kvar)	A相电流(A)	←B相	←C相	A相电压(V)	←B相	←C相	总功率因数
0000253451...	0.0008	0.0001	0.01	0	0.006	61.2	0	44.5	.99
0000253451...	0.0008	0.0001	0.01	0	0.006	61.3	0	44.4	.99
0000253451...	0.0008	0.0001	0.01	0	0.006	60.7	0	44.8	.99
0000253451...	0.0008	0.0001	0.01	0	0.006	61.3	0	44.3	.99
0000253451...	0.0008	0.0001	0.009	0	0.006	61.2	0	44.3	.99
0000253451...	0.0008	0.0001	0.009	0	0.006	61.2	0	44.2	.99
0000253451...	0.0008	0.0001	0.009	0	0.006	60.7	0	44.7	.99
0000253451...	0.0008	0.0001	0.009	0	0.006	61.1	0	44.3	.99
0000253451...	0.0008	0.0001	0.009	0	0.006	60.8	0	44.6	.99
0000253451...	0.0008	0.0001	0.009	0	0.006	60.9	0	44.4	.99
0000253451...	0.0008	0.0001	0.009	0	0.006	61	0	44.1	.99
0000253451...	0.0008	0.0001	0.009	0	0.006	60.5	0	44.3	.99
0000253451...	0.0008	0	0.011	0	0.008	60.8	0	44	1
0000253451...	0.0008	0	0.01	0	0.006	60.8	0	43.9	1
0000253451...	0.0008	0	0.01	0	0.008	60.7	0	43.9	1
0000253451...	0.0008	0	0.011	0	0.008	60.7	0	43.9	1

（1）采集系统计量异常告警界面出现某用户电压断相异常告警。查询用户档案，确定该户为 10kV 三相三线高供低计用户，电能表额定电压为 100V。

（2）查看负荷数据，发现异常持续期间，A 相和 C 相电压均下降一半左右。

（3）判断 B 相断相，召测电能表数据，转"现场检查"环节。

（4）经现场检查反馈为 B 相高压侧断相，导致 A、C 相电压均下降一半左右。

（十）电压越限

一般处理步骤	关键点控制

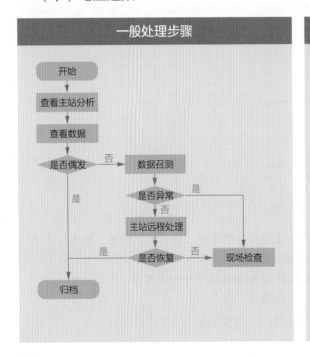

- 查看主站分析：在闭环管理系统中，点击"主站分析"，查看异常详细信息。
- 查看数据：查看历史负荷数据，判断是否为偶发。
- 是否偶发：若为偶发突变数据，则转"数据错误"环节，进行归档。
- 数据召测：若非偶发突变数据，则中继召测电能表电压，判断是否异常。
- 是否异常：若电压越限，则转"现场检查"环节。
- 主站远程处理：若电压正常，则说明终端上报的数据异常，尝试通过下发终端参数、重启终端来进行主站处理，判断是否恢复正常。
- 是否恢复：若恢复，反馈后转"待归档"环节；若未恢复，则转"现场检查"环节。

典型案例：中性点漂移

①

计量异常处理明细

☐	工单号	工单状态	单位	户号	户名	异常类型	异常发生日期	异常恢复日期
☐	33P3181211112584	新故障	★★供电所	173...	中国铁...	电压越限	2018-12-11 02:11:29	2018-12-14 07:44:52

②

查询结果

日期 ▾	局号(终端/表计)	瞬时有功(kW)	←无功(kvar)	A相电流(A)	←B相	←C相	A相电压(V)	←B相	←C相	总功率因数	正向有功总
2018-12-11 05:45:00	331 ★★★★★★★★★★★★ (表计)	0.9395	-0.0838	0.014	0.426	4.47	286.1	248.3	196.8	1	28297.5
2018-12-11 05:30:00	331 ★★★★★★★★★★★★ (表计)	0.939	-0.084	0.014	0.425	4.471	286	248.3	196.7	1	28297.3
2018-12-11 05:15:00	331 ★★★★★★★★★★★★. (表计)	0.9384	-0.0849	0.014	0.425	4.452	286.3	248.6	197.5	1	28297.0
2018-12-11 05:00:00	331 ★★★★★★★★★★★★ (表计)	0.94	-0.0849	0.014	0.424	4.474	286.3	248.6	197.2	1	28296.8
2018-12-11 04:45:00	331 ★★★★★★★★★★★★ (表计)	0.94	-0.0855	0.014	0.426	4.441	285.9	248.2	197.9	1	28296.6
2018-12-11 04:30:00	331 ★★★★★★★★★★★★ (表计)	0.9424	-0.0853	0.014	0.425	4.439	286	248.4	198.1	1	28296.4

（1）查看"主站分析"，显示某专变用户 12 月 11 日发生电压越限异常。

（2）查看采集系统告警前后负荷数据里电压数据项，查看近期上报数据，发现电压越限异常多次发生。

典型案例：中性点漂移

❸

召测结果列表

单位	户号	户名 ▲	数据项名称	值
＊＊供电所	173...	中国铁...	当前A相电压	285.9
＊＊供电所	173...	中国铁...	当前B相电压	248.2
＊＊供电所	173...	中国铁...	当前C相电压	198.3

❹

查询结果

日期 ▽	局号(终端/表计)	瞬时有功(kW)	←无功(kvar)	A相电流(A)	←B相	←C相	A相电压(V)	←B相	←C相	总功率因数	正向有功总
2018-12-13 05:45:00	333＊＊＊＊＊＊＊＊＊＊＊＊＊＊＊(表计)	3.7713	-0.4401	5.258	5.261	5.24	240.4	239.3	239.8	1	168088 ▲
2018-12-13 05:30:00	333＊＊＊＊＊＊＊＊＊＊＊＊＊＊＊(表计)	3.6967	-0.4507	5.167	5.163	5.185	240.2	239.9	240.1	1	168087
2018-12-13 05:15:00	333＊＊＊＊＊＊＊＊＊＊＊＊＊＊＊(表计)	3.7083	-0.4594	5.292	5.151	5.125	240.5	240.3	240.5	1	168086
2018-12-13 05:00:00	333＊＊＊＊＊＊＊＊＊＊＊＊＊＊＊(表计)	3.6994	-0.4563	5.267	4.999	5.262	240.2	240.2	239.8	1	168085
2018-12-13 04:45:00	333＊＊＊＊＊＊＊＊＊＊＊＊＊＊＊(表计)	3.7048	-0.4561	5.097	5.091	5.27	240.8	240.4	240.5	1	168084
2018-12-13 04:30:00	333＊＊＊＊＊＊＊＊＊＊＊＊＊＊＊(表计)	3.9561	-0.4395	5.593	5.421	5.539	240.6	240.6	240.4	1	168083

（3）中继召测电能表电压，发现电压越限。

（4）转"现场检查"环节，经现场检查发现异常为零线接触不良引起的中性点漂移。

（十一）电压不平衡

一般处理步骤	关键点控制

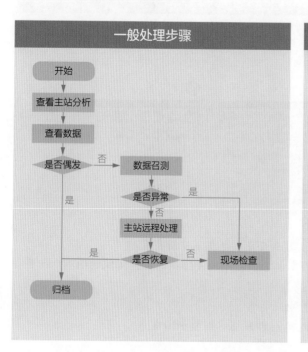

- 查看主站分析：在闭环管理系统中，点击"主站分析"，查看异常详细信息。
- 查看数据：查看历史负荷数据，判断是否为偶发。
- 是否偶发：若为偶发突变数据，则转"数据错误"环节，进行归档。
- 数据召测：若非偶发突变数据，则中继召测电能表电压，判断是否异常。
- 是否异常：若电压不平衡，则转"现场检查"环节。
- 主站远程处理：若电压不平衡，则说明终端上报的数据异常，尝试通过下发终端参数、重启终端来进行主站处理，判断是否恢复正常。
- 是否恢复：若恢复，反馈后转"待归档"环节；若未恢复，则转"现场检查"环节。

典型案例：压变熔丝接触不良

计量异常处理明细

工单号	工单状态	单位	户号	户名	营销工单号	异常类型	异常发生日期
33P3101200927456	新派师	★★服务区	170...	北京银行股...		电压不平衡	2018-12-09 02:20:39

查询结果

日期	局号(优端表计)	瞬时有功(kW)	一无功(kvar)	A相电流(A)	=B相	=C相	A相电压(V)	=B相	=C相	总功率因数	正向有功
2018-12-07 07:45:00	334 ★★★★★★★★★★★★ (表计)	0.0369	-0.0032	0.232	0	0.219	102.3	0	98.7	1	330.28
2018-12-07 07:30:00	334 ★★★★★★★★★★★★ (表计)	0.025	-0.0017	0.165	0	0.135	102.4	0	97.4	1	330.28
2018-12-07 07:15:00	334 ★★★★★★★★★★★★ (表计)	0.0211	-0.002	0.125	0	0.114	102.8	0	97.4	1	330.27
2018-12-07 07:00:00	334 ★★★★★★★★★★★★ (表计)	0.0231	-0.0015	0.153	0	0.115	102.7	0	93.9	1	330.27
2018-12-07 06:45:00	334 ★★★★★★★★★★★★ (表计)	0.0174	-0.0017	0.127	0	0.085	102.9	0	94.1	1	330.26
2018-12-07 06:30:00	334 ★★★★★★★★★★★★ (表计)	0.016	-0.0017	0.113	0	0.08	103	0	95.9	1	330.26
2018-12-07 06:15:00	334 ★★★★★★★★★★★★ (表计)	0.016	-0.002	0.11	0	0.086	103.1	0	96	1	330.25
2018-12-07 06:00:00	334 ★★★★★★★★★★★★ (表计)	0.0183	-0.0015	0.114	0	0.099	103.4	0	96.6	1	330.25
2018-12-07 05:45:00	334 ★★★★★★★★★★★★ (表计)	0.0201	-0.0023	0.135	0	0.102	103.4	0	96.5	1	330.24
2018-12-07 05:30:00	334 ★★★★★★★★★★★★ (表计)	0.0131	-0.0026	0.097	0	0.074	103.5	0	96	1	330.24
2018-12-07 05:15:00	334 ★★★★★★★★★★★★ (表计)	0.0133	-0.0028	0.094	0	0.068	103.6	0	98.4	1	330.24
2018-12-07 05:00:00	334 ★★★★★★★★★★★★ (表计)	0.011	-0.0032	0.083	0	0.057	103.8	0	99.5	1	330.23
2018-12-07 04:45:00	334 ★★★★★★★★★★★★ (表计)	0.0116	-0.0031	0.08	0	0.059	103.8	0	99.9	1	330.23

召测结果列表

单位	户号	户名	数据项名称	值
★★服务区直属	17...	北京...	当前A相电压	102.2
★★服务区直属	17...	北京...	当前B相电压	0.0
★★服务区直属	17...	北京...	当前C相电压	96.5

（1）查看"主站分析"，显示某专变用户12月9日发生电压不平衡异常。

（2）查看采集系统告警前后负荷数据里电压数据项，查看近期上报数据，发现电压不平衡异常多次发生。

（3）通过中继召测电能表电压，发现该用户电压异常。

（4）发起"现场检查"环节，经现场检查发现C相压变熔丝接触不良。

（十二）电流失流

一般处理步骤	关键点控制

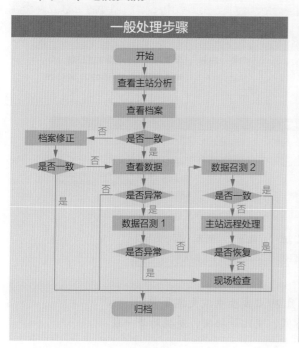

- 查看主站分析：在闭环管理系统中，点击"主站分析"，查看异常详细信息。
- 查看档案：查看采集系统和营销系统的用户接线方式、变比等档案，判断是否一致。
- 是否一致：若档案不一致，则同步采集系统档案，若已恢复，反馈后转"待归档"环节，若未恢复，则按照档案一致处理。
- 查看数据：若档案一致，则查看近期上报数据，判断数据是否异常。
- 是否异常：若近期上报数据正常，反馈后转"待归档环节"。
- 数据召测 1：若近期上报数据异常，则中继召测电能表三相电流，判断是否正常。
- 是否异常：若结果异常，则查看负荷数据，对比异常发生前后电流数据，确定异常发生时间，转"现场检查"环节。
- 数据召测 2：若正常，则召测终端电流数据，判断是否与电能表电流数据一致。
- 是否一致：若一致，则转"误报"环节，进行归档。
- 主站远程处理：若不一致，则说明终端上报的数据异常，尝试通过重新下发测量点参数、测量点任务、远程重启终端、升级等方式处理，判断是否恢复。
- 是否恢复：若恢复，反馈后转"待归档"环节；若未恢复，则转"现场检查"环节。

典型案例一：电流互感器烧坏

❶ 计量异常处理明细

	工单号	工单状态	单位	户号	户名	异常类型	异常发生日期
☐	33P3180929566533	新故障	＊＊ 供电所	1732...	＊＊ ...	电流失流	2018-09-29 04:40:29

❷

表计档案：					
表计局号:	334 ＊＊＊＊＊＊＊＊＊＊＊＊	表计状态:	运行	接线方式:	三相四线
CT:	40	PT:	1	自身倍率:	1
规约:	DL/T645_2007	通讯地址:	000＊＊＊＊＊＊＊	计量方式:	高供低计
表计厂家:		电表类别:	智能表	电表类型:	电子式-多功能单方向远程费控智能电能表(工商业25)无功：四象限独立计量
额定电流:	1.5(6)A	额定电压:	3x220/380V	是否参考表:	否

电能表信息

条形码	资产编号	出厂编号	类别	接线方式	电压	电流	综合倍率
010＊＊＊＊＊＊＊＊＊＊＊	000＊＊＊＊＊＊＊	000＊＊＊＊＊＊＊	智能表	三相四线	3x220/380V	1.5(6)A	40

（1）查看"主站分析"，显示某专变用户 9 月 29 日发生电流失流异常。

（2）查看营销系统和采集系统的用户接线方式、变比等档案，发现两者一致。

典型案例一：电流互感器烧坏

❸ 查询结果

日期 ▼	局号(终端/表计)	瞬时有功(kW)	←无功(kvar)	A相电流(A)	←B相	←C相	A相电压(V)	←B相	←C相	总功率因数	正向有功
2018-09-29 19:15:00	334 ★★★★★★★★★★★★★(表计)	21.876	11.616	1.08	55.4	45.96	245.5	243.4	243.7	0.88	10611.:
2018-09-29 19:00:00	334 ★★★★★★★★★★★★★(表计)	21.912	11.696	1.08	55.48	46.04	245.5	243.6	243.6	0.88	10611.:
2018-09-29 18:45:00	334 ★★★★★★★★★★★★★(表计)	21.872	11.696	1.08	55.52	46.08	245	243.1	243.2	0.88	10611.:
2018-09-29 18:30:00	334 ★★★★★★★★★★★★★(表计)	21.9	11.772	1.08	55.6	46.24	245.3	243.4	243.1	0.88	10610.:
2018-09-29 18:15:00	334 ★★★★★★★★★★★★★(表计)	21.92	11.896	1.08	55.84	46.48	244.6	242.9	242.9	0.88	10610.:
2018-09-29 18:00:00	334 ★★★★★★★★★★★★★(表计)	21.7	13.332	1.08	57.52	47	244.7	242.7	242.6	0.85	10610.:
2018-09-29 17:45:00	334 ★★★★★★★★★★★★★(表计)	0.132	-0.044	0	0	0.56	244.4	245.7	244.8	1	10610.:
2018-09-29 17:30:00	334 ★★★★★★★★★★★★★(表计)	0.064	-0.04	0	0	0.36	244.6	245.5	244.6	1	10610.:
2018-09-29 17:15:00	334 ★★★★★★★★★★★★★(表计)	0.064	-0.04	0	0	0.36	243.7	244.6	243.9	1	10610.:

❹ 召测结果列表

单位 ▲	户号	户名	数据项名称	值
★★供电所	173...	嵊州市...	当前A相电流	1.080
★★供电所	173...	嵊州市...	当前B相电流	55.650
★★供电所	173...	嵊州市...	当前C相电流	46.120

（3）查看近期上报数据，发现 A 相电流明显小于 B 相和 C 相电流，发现数据存在异常。

（4）召测电能表三相电流，发现数据异常，转"现场检查"环节。

（5）经现场检查发现，电流互感器烧坏，导致电流失流异常。

典型案例二：三相用电不平衡

户号 54******* *			户名，*** 路灯变				数据来源 表计		
开始日期 2015-01-21			结束日期 2015-01-26				○ 一次侧	● 二次侧	

查询结果：【符号 "—"含义为参见左列】

局号(终端/表计)	瞬时有功(kW)	—无功(kvar)	A相电流(A)	—B相	—C相	A相电压(V)	—B相	—C相	总
BNM*****(表计)	0.1553	0.03	0	0.38	0.28	258	239	243	
BNM*****(表计)	0.1548	0.03	0	0.38	0.28	258	238	242	
BNM*****(表计)	0.1541	0.03	0	0.38	0.28	258	238	242	
BNM*****(表计)	0.1531	0.03	0	0.38	0.28	257	237	242	
BNM*****(表计)	0.1554	0.03	0	0.39	0.28	257	237	241	
BNM*****(表计)	0.1547	0.03	0	0.38	0.28	256	237	241	
BNM*****(表计)	0.1557	0.03	0	0.39	0.28	257	237	241	
BNM*****(表计)	0.1555	0.03	0	0.39	0.28	256	237	241	
BNM*****(表计)	0.1568	0.03	0	0.39	0.28	257	238	242	
BNM*****(表计)	0.1576	0.03	0	0.39	0.28	257	239	243	
BNM*****(表计)	0.1585	0.03	0	0.39	0.28	257	239	244	
BNM*****(表计)	0.1581	0.03	0	0.39	0.28	257	239	243	
BNM*****(表计)	0.1577	0.03	0	0.39	0.28	257	239	243	
BNM*****(表计)	0.1575	0.03	0	0.39	0.28	257	238	243	
BNM*****(表计)	0.1575	0.03	0	0.39	0.28	257	239	243	
BNM*****(表计)	0.1589	0.03	0	0.39	0.28	257	238	243	

　　发现异常后，经查询档案后发现该电能表为三相四线电能表，A相电流为0。经现场核查确定为路灯变用户，A相无出线用电。该用户应添加用户标签。

（十三）电流不平衡

一般处理步骤	关键点控制

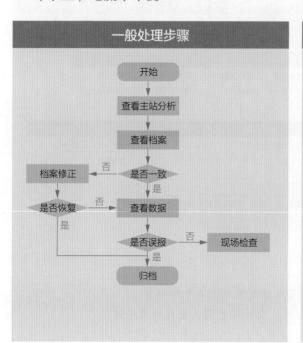

- 查看主站分析：在闭环管理系统中，点击"主站分析"，查看异常详细信息。
- 查看档案：查看营销系统和采集系统的用户接线方式、变比等档案，判断是否一致。
- 是否一致：若不一致，则同步采集系统档案，若已恢复，反馈后转"待归档"环节，若未恢复，则按照档案一致处理。
- 查看数据：判断数据是否为误报，若是误报，则反馈"数据错误"，转"待归档"环节；若非误报，则转"现场检查"环节，查看是否终端故障。

典型案例：电容器损坏

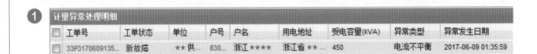

计量异常处理明细

	工单号	工单状态	单位	户号	户名	用电地址	受电容量(kVA)	异常类型	异常发生日期
☐	33P3170609135...	新故后	** 供...	830...	浙江 ****	浙江省 ** ...	450	电流不平衡	2017-06-09 01:35:59

表计档案：

表计局号：		表计状态：	运行	接线方式：	三相三线
CT： 6		PT： 100		自身倍率：	1

电能表信息

码	资产编号	出厂编号	类别	接线方式	电压	电流	综合倍率	接线相
******	000*******	000*******	智能表	三相三线	3×100V	1.5 (6)A	600	

（1）查看"主站分析"，显示某专变用户6月9日发生电流不平衡异常。

（2）查看采集系统和营销系统的用户接线方式、变比等档案，发现两者一致。

典型案例：电容器损坏

③

数据项名称	值
当前A相电流	-2.158
当前B相电流	0.000
当前C相电流	3.258

④

查询结果

日期 ▾	局号(终端/表计)	瞬时有功(kW)	←无功(kvar)	A相电流(A)	←B相	←C相	A相电压(V)	←B相	←C相	总功率因数
2017-06-09 22:45:00	334 ★★★★★★★★★★★★ (表计)	506.64	204.48	31.284	0	30.18	10200	0	10220	0.93
2017-06-09 22:30:00	334 ★★★★★★★★★★★★ (表计)	41.28	35.46	2.184	0	3.438	10300	0	10310	0.76
2017-06-09 22:15:00	334 ★★★★★★★★★★★★ (表计)	467.76	195.9	28.89	0	28.458	10260	0	10290	0.92
2017-06-09 22:00:00	334 ★★★★★★★★★★★★ (表计)	340.26	169.08	20.64	0	21.45	10300	0	10320	0.9
2017-06-09 21:45:00	334 ★★★★★★★★★★★★ (表计)	171	231	15.78	0	17.826	10360	0	10380	0.59
2017-06-09 21:30:00	334 ★★★★★★★★★★★★ (表计)	32.22	34.02	-2.292	0	3.294	10420	0	10450	0.69
2017-06-09 21:15:00	334 ★★★★★★★★★★★★ (表计)	26.52	36.72	-2.04	0	2.862	10400	0	10410	0.59
2017-06-09 21:00:00	334 ★★★★★★★★★★★★ (表计)	40.2	41.7	2.322	0	3.714	10400	0	10430	0.69
2017-06-09 20:45:00	334 ★★★★★★★★★★★★ (表计)	18.84	43.56	-2.148	0	3.27	10380	0	10390	0.4
2017-06-09 20:30:00	334 ★★★★★★★★★★★★ (表计)	45.06	46.98	3.948	0	3.642	10350	0	10380	0.69
2017-06-09 20:15:00	334 ★★★★★★★★★★★★ (表计)	47.46	48.96	4.02	0	4.422	10330	0	10340	0.7
2017-06-09 20:00:00	334 ★★★★★★★★★★★★ (表计)	44.04	49.26	3.924	0	3.942	10320	0	10350	0.67
2017-06-09 19:45:00	334 ★★★★★★★★★★★★ (表计)	54.24	47.28	3.702	0	4.686	10290	0	10320	0.75
2017-06-09 19:30:00	334 ★★★★★★★★★★★★ (表计)	23.22	47.4	-2.388	0	3.564	10410	0	10440	0.44

（3）中继召测电能表三相电流，发现电流不平衡。

（4）查看用户近期负荷数据，发现 A 相电流偶尔为负，功率因数较低。

（5）经现场检查发现，由于无功过补偿，部分电容器缺相运行，告知电工进行调换修理。

（十四）电量差动异常

一般处理步骤	关键点控制
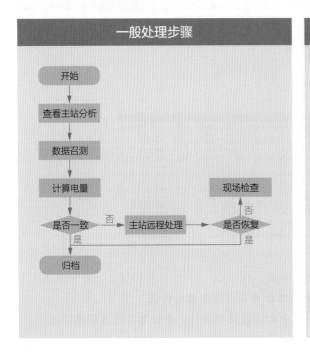	<ul><li>查看主站分析：在闭环管理系统中，点击"主站分析"，查看异常详细信息。</li><li>数据召测：在采集系统中，分别召测终端和电能表当前以及日冻结数据。</li><li>计算电量：分别计算终端和电能表的电量，比对两者是否一致。</li><li>是否一致：若不一致，则通过重新下发测量点参数、测量点任务、远程终端重启等方式处理，判断是否恢复；若一致，反馈后转"待归档"环节。</li><li>是否恢复：若恢复，反馈后转"待归档"环节；若未恢复，则转"现场检查"环节。</li></ul>

典型案例：电能表采样回路故障

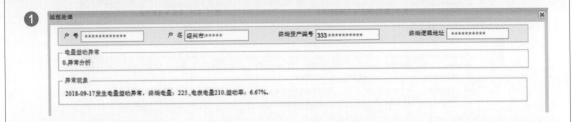

（1）查看"主站分析"，显示某专变用户 9 月 17 日发生电量差动异常。

（2）分别召测终端和电能表当前以及日冻结数据（正向有功总电能量），两者相差 0.01。

典型案例：电能表采样回路故障

③ 召测结果列表

	表计局号	测量点号	数据项名称	值	▼	CT	PT
08	333***************	1	日冻结正向有功总电能	2018-09-18#58.7000		15	100
08	333***************	5	日冻结正向有功总电能	2018-09-18#12.9900		15	100

召测结果列表

	表计局号	测量点号	数据项名称	值	▼
08	333***************	1	日冻结正向有功总电能	2018-09-20#58.8600	
08	333***************	5	日冻结正向有功总电能	2018-09-20#13.1700	

（3）在采集系统中重新下发测量点参数、测量点任务、远程终端重启并对电能表终端时钟对时。

经过两日后召测电能表和采集终端当前数据与零点数据，分别计算该用户 9 月 18 日 0 点至 20 日 0 点期间的用电量并进行比对。

经召测结果来看，该用户电能表正向有功总由 18 日零点的 58.70，到 20 日零点的 58.86，示值上升了 0.16；采集终端正向有功总由 18 日零点的 12.99，到 20 日零点的 13.17，止度上升了 0.18，两者差值进一步扩大为 0.02，时段电量差值进一步拉大，怀疑现场存在问题，需要安排工作人员现场检查运维。

经现场检查后，未发现电能表和采集终端存在错接线的情况，现场校验电能表误差为 -11.23%，需更换处理，并做相应电费退补。

（十五）单相表分流

一般处理步骤	关键点控制

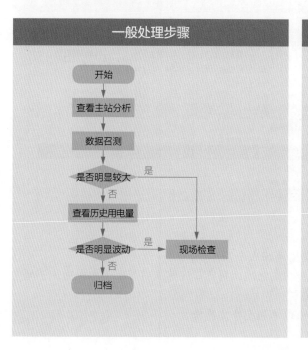

- 查看主站分析：在闭环管理系统中，点击"主站分析"，查看异常详细信息。
- 数据召测：在采集系统中，中继召测电能表零线和相线电流，判断零线电流是否明显大于相线电流。
- 是否明显较大：若零线电流明显大于相线电流，则转"现场检查"环节；若零线电流没有明显大于相线电流，则查看近期用户历史用电量，判断是否出现明显波动。
- 是否明显波动：若电量波动较为明显，则转"现场检查"环节；若无异常波动，反馈后转"待归档"环节。

典型案例：用户共用零线

① 计量异常处理明细

☐ 工单号	工单状态	单位	户号	户名	异常类型	异常发生日期	异常恢复日期
☐ 33P3181217718975	新故障	＊＊供业所	172…	石…	单相表分流	2018-12-17 01:05:20	

② 召测结果

召测成功

召测结果列表

单位	户号	户名	数据项名称	值 ▾
＊＊供业所	172…	王…	当前零线电流	10.300
＊＊供业所	172…	王…	当前A相电流	3.200

（1）查看"主站分析"，显示某低压用户发生单相表分流异常。

（2）在采集系统中，中继召测电能表零线和相线电流，判定零线电流明量大于相线电流，转"现场检查"环节。

（3）经现场检查发现，用户共用零线导致出现单相表分流异常。

（十六）电能表开盖

一般处理步骤	关键点控制

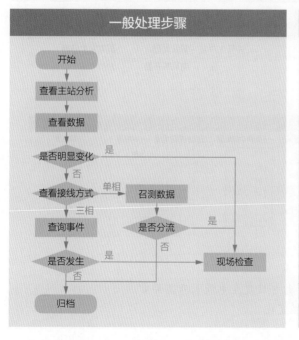

- 查看主站分析：在闭环管理系统中，点击"主站分析"，查看异常详细信息。
- 查看数据：查看开盖前后电量数据，判断是否发生明显变化。
- 是否明显变化：若发生明显变化，则转"现场检查"环节；若无明显变化，则查看接线方式。
- 查看接线方式：对于低压单相用户，召测 A 相电流和零线电流，判断是否存在分流。
- 是否分流：若存在分流，则转"现场检查"环节；若不存在分流，反馈后转"待归档"环节。
- 查询事件：对于低压三相用户，查询开启端钮盒和开表盖记录，判断是否发生在近期停电时间段内。
- 是否发生：若是，则转"现场检查"环节；若在近期停电时间段内均未发生，反馈后转"待归档"环节。

典型案例：系统误报

① 计量异常处理明细

	工单号	工单状态	单位	户号	户名	异常类型	异常发生日期
☐	33P3190108895828	新故障	** 供电所	176…	金…	电能表开盖	2019-01-08 02:18:21

② 查询结果：【符号"—"含义为参见左列】

日期 ▾	CT	PT	表计自身倍率	正向有功总电量	正向有功总电量…	←尖电量	←峰电量
2019-01-10	1	1	1	0.01		0.01	0.01
2019-01-09	1	1	1	0.01		0	0
2019-01-08	1	1	1	0.01		0	0
2019-01-07	1	1	1	0.01		0	0.01
2019-01-06	1	1	1	0		0	0
2019-01-05	1	1	1	0.01		0	0

（1）查看"主站分析"，显示某低压用户1月8日发生电能表开盖异常。

（2）查看开盖前后电量数据，发现并无明显变化。

典型案例：系统误报

❸

表计档案：					
表计局号：	.	表计状态：	运行	接线方式：	三相四线
CT：	1	PT：	1	自身倍率：	1
规约：	DL/T645_2007	通讯地址：	010★★★★★★★	计量方式：	低供低计
表计厂家：		电表类别：	智能表	电表类型：	电子式-复费率远程费控智能电能表(工业用)
额定电流：	5(60)A	额定电压：	3x220/380V	是否参考表：	否
综合倍率：	1	到货批次：			

批次属性： 支持广播对时 支持单表对时 支持单加密对时 支持电池欠压状态 支持电池电压召测 支持表计密钥状态

❹

召测结果列表

单位 ▲	户号	户名	数据项名称	值
★★供电所	176...	金...	上1次开表盖记录	2018-12-29 13:48:33,2018-12-29 13:58:41,734.23,0.0,2615.96,0.0,0.0,4.56,734.23,0.0,2615.96,0...
★★供电所	176...	金...	上2次开表盖记录	2018-12-29 13:45:22,2018-12-29 13:46:23,734.23,0.0,2615.96,0.0,0.0,4.56,734.23,0.0,2615.96,0...
★★供电所	176...	金...	上1次开端钮盒记录	2018-03-13 13:27:28,2018-03-13 13:29:34,655.04,0.0,2543.25,0.0,0.0,2.17,655.04,0.0,2543.25,0...
★★供电所	176...	金...	上2次开端钮盒记录	2017-01-11 10:17:59,2017-01-11 10:20:05,551.24,0.0,2449.31,0.0,0.0,0.31,551.24,0.0,2449.31,0...

（3）查看用户电能表接线方式为三相四线。

（4）查询开端钮盒和开表盖记录，发现未落在近期停电时间段内，反馈后转"待归档"环节。

（十七）恒定磁场干扰

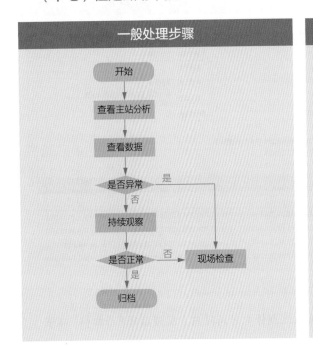

一般处理步骤

关键点控制

- 查看主站分析：在闭环管理系统中，点击"主站分析"，查看异常详细信息。
- 查看数据：查看用户异常发生前后日冻结电量及负荷数据，判断是否发生异常。
- 是否异常：若异常，则转"现场检查"环节；若当天没有发生异常，则持续观察 2 日，判断数据是否正常。
- 是否正常：若发生异常，则转"现场检查"环节；若维持正常，反馈后转"待归档"环节。

典型案例：经现场检查判定为系统误报

① 查询结果：【符号"—"含义为参见左列】

日期 ▾	局号(...	CT	PT	表计...	正向有功总电量	正向有功总...	←尖...	←峰电量	←平...	←谷电...
2017-08-20	33300...	1	1	1	10.05		0.85	4.03	0	5.18
2017-08-19	33300...	1	1	1	11.52		0.87	4.68	0	5.97
2017-08-18	33300...	1	1	1	9.18		2.62	3.98	0	2.57
2017-08-17	33300...	1	1	1	1.2		0.12	0.48	0	0.61
2017-08-16	33300...	1	1	1	1.21		0.11	0.5	0	0.61
2017-08-15	33300...	1	1	1	1.25		0.12	0.47	0	0.65
2017-08-14	33300...	1	1	1	1.23		0.12	0.47	0	0.63
2017-08-13	33300...	1	1	1	1.27		0.12	0.5	0	0.66
2017-08-12	33300...	1	1	1	10.49		0.12	3.32	0	7.06
2017-08-11	33300...	1	1	1	25.78		3.07	10.84	0	11.86
2017-08-10	33300...	1	1	1	22.74		3.37	10.34	0	9.02
2017-08-09	33300...	1	1	1	17.52		3.05	8.06	0	6.41
2017-08-08	33300...	1	1	1	9.55		0.98	3.41	0	5.17

（1）8月12日，用户发生恒定磁场干扰异常。查询该用户近期用电量，发现故障前日均电量15kWh，发生干扰后日均电量降为1.2kWh，故障前后存在电量突变，转"现场检查"环节。

（2）经现场检查，用户用电正常，为系统误报。

（十八）需量超容

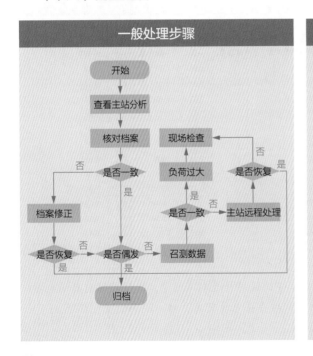

一般处理步骤

关键点控制

- 查看主站分析：在闭环管理系统中，点击"主站分析"，查看异常详细信息。
- 核对档案：核对采集系统和营销系统中的计量互感器变比、合同容量，判断是否一致。
- 是否一致：若档案不一致，则同步采集系统档案，修正后若异常恢复，反馈后转"待归档"环节；若未恢复，则按照档案一致处理。
- 是否偶发：若档案一致，则查看负荷数据，判断异常是否偶发，若为偶发突变数据，则反馈"数据错误"，转"待归档"环节。
- 召测数据：若非偶发，则中继召测电能表实时电压、电流、负荷及电能表电量、最大需量等数据，判断是否与近期上报的数据一致。
- 是否一致：若不一致，则通过重新下发测量点参数、测量点任务、远程重启终端等方式处理，判断是否恢复。
- 是否恢复：若恢复，反馈后转"待归档"环节；若未恢复则转"现场检查"环节。
- 负荷过大：若召测数据与负荷数据一致，则认为用户用电负荷过大，转"现场检查"环节。

典型案例：用电负荷大

（1）查看"主站分析"，显示某专变用户发生需量超容异常。

（2）核对采集系统中用户档案的计量互感器变比、核定需量值，与营销系统一致。

典型案例：用电负荷大

（3）查看用户抄表和负荷数据，发现非偶发。

（4）中继召测电能表实时电压、电流、功率等数据，判定与近期上报的数据一致，转"现场检查"环节。

（5）经现场检查，用户用电负荷大。

（十九）负荷超容

一般处理步骤	关键点控制

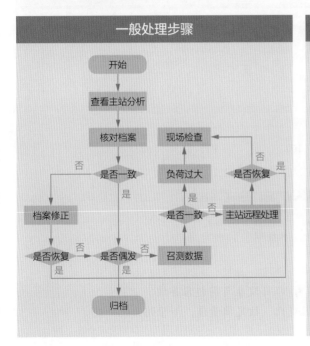

- 查看主站分析：在闭环管理系统中，点击"主站分析"，查看异常详细信息。
- 核对档案：核对采集系统和营销系统中的计量互感器变比、合同容量，判断是否一致。
- 是否一致：若档案不一致，则同步采集系统档案，修正后若异常恢复，反馈后转"待归档"环节；若未恢复，则按照档案一致处理。
- 是否偶发：若档案一致，则查看负荷数据，判断异常是否偶发，若为偶发突变数据，则反馈"数据错误"，转"待归档"环节。
- 召测数据：若非偶发，则中继召测电能表实时电压、电流、负荷及电能表电量、最大需量等数据，判断是否与近期上报的数据一致。
- 是否一致：若不一致，则通过重新下发测量点参数、测量点任务、远程重启终端等方式处理，判断是否恢复。
- 是否恢复：若恢复，反馈后转"待归档"环节；若未恢复则转"现场检查"环节。
- 负荷过大：若召测数据与负荷数据一致，则认为用户用电负荷过大，转"现场检查"环节。

典型案例：用电负荷大

❶

> **远程处理**
>
> 户 号 17[*******　　 户 名 绍兴****　　 终端资产编号 331****
>
> 负荷超容
> 0.异常分析　　1.负荷数据查询
>
> 异常现象
> 2018-09-30发生负荷超容。上个月共有2976个负荷点，其中有881个点负荷超130%，比例超过20%。

❷

采集系统用户档案

| 受电容量： | 400 kVA | | CT： | 160 | | PT： | 1 |

营销系统用户档案

互感器信息					
计量点编号	条形码	出厂编号	类别	电压变比	电流变比
0002782	D21012	24954	电流互感器		800/5
0002782	D21012	24955	电流互感器		800/5
0002782	D21012	24956	电流互感器		800/5

运行容量： 400

停电标志： 未实施停电

（1）查看"主站分析"，显示某专变用户9月30日发生负荷超容异常。

（2）核对采集系统中用户档案的计量互感器变比、核定需量值，与营销系统一致。

典型案例：用电负荷大

③ 查询结果

日期 ▼	局号(终端/明计)	瞬时有功(kW)	无功(kvar)	A相电流(A)	B相	C相	A相电压(V)	B相	C相	总功率因数
2018-10-01 07:45:00	334******	621.904	141.456	937.44	941.6	930.88	235.7	238.3	238	0.98
2018-10-01 07:30:00	334******	612.944	155.152	942.24	948	927.2	233.9	236.3	236.2	0.97
2018-10-01 07:15:00	334******	611.664	134.576	929.6	939.84	923.2	233.2	235.7	236.5	0.98
2018-10-01 07:00:00	334******	604.304	133.056	918.4	927.68	927.52	233	235.1	234.5	0.98
2018-10-01 06:45:00	334******	601.856	129.888	928.8	932.8	929.28	228.4	231.4	231	0.98

查询结果：【符号 "-"="含义为相见左列】

无功电能 I (kvarh)	II	III	IV	最大需量(kW)	最大需量发生时间	上月最大需量(kW)	上月最大需量发生…
18226.83	0	0	7.8	4.2445	09-29 13:01	4.4733	09-15 13:19
18215.2	0	0	7.8	4.2445	09-29 13:01	4.4733	09-15 13:19
18202.34	0	0	7.8	4.2445	09-29 13:01	4.4733	09-15 13:19
18190.5	0	0	7.8	4.2445	09-29 13:01	4.4733	09-15 13:19
18176.53	0	0	7.8	4.2445	09-29 13:01	4.4733	09-15 13:19
18162.47	0	0	7.8	4.2445	09-29 13:01	4.4733	09-15 13:19

④ 召测结果列表

单位 ▼	户号	户名	数据项名称	值
**供电所	170…	绍兴…	当前总有功功率	0.5021
**供电所	170…	绍兴…	当前A相有功功率	0.1610
**供电所	170…	绍兴…	当前B相有功功率	0.1671
**供电所	170…	绍兴…	当前C相有功功率	0.1799
**供电所	170…	绍兴…	当前A相电压	243.9
**供电所	170…	绍兴…	当前B相电压	243.4
**供电所	170…	绍兴…	当前C相电压	242.5
**供电所	170…	绍兴…	当前A相电流	0.730
**供电所	170…	绍兴…	当前B相电流	0.727
**供电所	170…	绍兴…	当前C相电流	0.831

（3）查看用户抄表和负荷数据，发现非偶发。

（4）中继召测电能表实时电压、电流、功率等数据，判定与近期上报的数据一致，转"现场检查"环节。

（5）经现场检查，用户用电负荷大。

（二十）电流过流

一般处理步骤	关键点控制

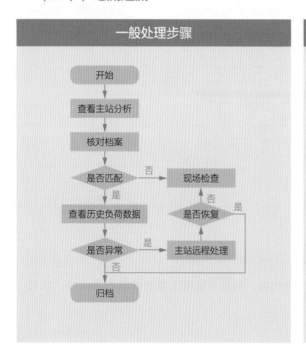

- **查看主站分析**：在闭环管理系统中，点击"主站分析"，查看异常详细信息。
- **查看档案**：查看采集系统的电流互感器变比和用户容量，测算用户运行容量和互感器变比是否匹配。
- **是否匹配**：若不匹配，则转"现场检查"环节，更换电流互感器。
- **查看历史数据**：若匹配，则查看历史负荷数据，判断是否存在异常，若无异常，则反馈"数据错误"，转"待归档环节"。
- **主站远程处理**：若终端上报的数据有异常，则尝试通过重新下发测量点参数、测量点任务等方式进行主站远程处理。
- **是否恢复**：若数据未恢复，则转"现场检查"环节；若已恢复，反馈后转"待归档"环节。

典型案例：用电负荷大

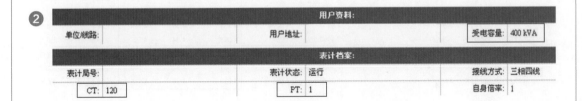

（1）查看"主站分析"，显示某专变用户1月4日发生电流过流异常。

（2）点击用户查询档案，并与营销系统档案进行比对，该用户的受电容量、CT、PT变比正确。

典型案例：用电负荷大

数据项名称	值
当前A相电流	5.238
当前B相电流	5.383
当前C相电流	5.636

查询结果

日期 ▽	局号(终端/表计)	瞬时有功(kW)	←无功(kvar)	A相电流(A)	←B相	←C相	A相电压(V)	←B相
2019-01-04 05:45:00	334******	1.8751	1.0711	2.885	3.067	3.245	236.7	234.6
2019-01-04 05:30:00	334******	2.9042	2.7046	5.621	5.801	6.019	231	227
2019-01-04 05:15:00	334******	2.6253	1.8336	4.334	4.563	4.864	234.7	231.1
2019-01-04 05:00:00	334******	2.4663	1.7041	4.063	4.341	4.537	235.6	231.5
2019-01-04 04:45:00	334******	3.0583	2.9117	6.018	6.166	6.319	230.1	227.3
2019-01-04 04:30:00	334******	2.5088	2.1803	4.594	4.825	5.013	232.6	230.3
2019-01-04 04:15:00	334******	2.7362	1.905	4.583	4.843	4.976	232.9	230.6

（3）中继召测实时电流、负荷数据，并与近期上报数据进行比对，发现用户近期电流较大，转"现场检查"环节。

（4）经现场检查，用户用电负荷大引起电流过流异常。

（二十一）负荷持续超下限

一般处理步骤	关键点控制

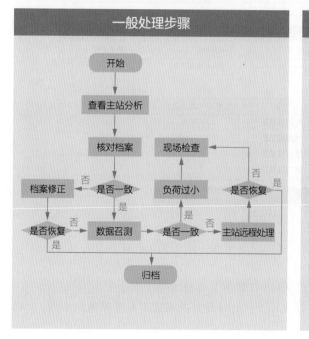

- 查看主站分析：在闭环管理系统中，点击"主站分析"，查看异常详细信息。
- 核对档案：核对采集系统中用户档案的计量互感器变比、运行容量，判断是否与营销系统一致。
- 是否一致：若档案不一致，则同步采集系统档案，若已恢复，反馈后转"待归档"环节，若未恢复，则按照档案一致处理。
- 数据召测：若档案一致，则查看近期负荷数据，并中继召测实时电压、电流等数据，核对是否一致。
- 是否一致：若不一致，判定为终端上报数据异常，通过重新下发测量点参数、测量点任务、远程重启终端等方式处理，判断是否恢复。
- 是否恢复：若数据未恢复，则转"现场检查"环节；若已恢复，反馈后转"待归档"环节。
- 负荷过小：若召测数据与负荷数据一致，则认为用户电负荷过小，则转"现场检查"环节。

典型案例：用电负荷较小

① 查询结果

异常ID ▲	户号	户名	用电地址	异常类型	异常日期
35127806	171...	绍兴...	绍兴市 *****************	负荷持续超下限	2018-12-12

② 互感器信息

计量点编号	条形码	出厂编号	类别	电压变比	电流变比
00028604072		17002	电流互感器		150/5
00028604072		17001	电流互感器		150/5
00028604072		03126	电压互感器	10000/100	
00028604072		03127	电压互感器	10000/100	

	表计档案：
表计局号： 331*****************	表计状态： 运行
CT: 30	PT: 100

（1）查看"主站分析"，显示某专变用户 12 月 12 日发生负荷持续超下限异常。

（2）核对采集系统中用户档案的计量互感器变比、运行容量，判断是否与营销系统一致。

典型案例：用电负荷较小

❸

数据项名称	值
当前A相电流	0.941
当前B相电流	0.000
当前C相电流	0.930

查询结果

日期 ▼	局号(异端/表计)	瞬时有功(kW)	←无功(kvar)	A相电流(A)	←B相	←C相	A相电压(V)	←B相	←C相	总功率因数
2018-12-12 21:00:00	331******	0.1417	0.0185	0.831	0	0.854	102.8	0	102.9	0.99
2018-12-12 20:45:00	331******	0.1335	0.0114	0.785	0	0.796	103	0	103.1	1
2018-12-12 20:30:00	331******	0.1371	0.0132	0.799	0	0.82	102.6	0	102.8	1
2018-12-12 20:15:00	331******	0.1473	0.0158	0.869	0	0.885	102.1	0	102.3	0.99
2018-12-12 20:00:00	331******	0.1529	0.0268	0.905	0	0.92	102.3	0	102.4	0.98
2018-12-12 19:45:00	331******	0.157	0.0232	0.935	0	0.95	102.2	0	102.2	0.99
2018-12-12 19:30:00	331******	0.1671	0.0306	0.998	0	1.002	101.8	0	101.9	0.98
2018-12-12 19:15:00	331******	0.1522	0.0226	0.907	0	0.916	102	0	102.1	0.99
2018-12-12 19:00:00	331******	0.1546	0.0207	0.912	0	0.929	101.9	0	102.1	0.99
2018-12-12 18:45:00	331******	0.1532	0.0237	0.909	0	0.917	102	0	102	0.99
2018-12-12 18:30:00	331******	0.1805	0.0286	1.068	0	1.091	101.8	0	101.8	0.99
2018-12-12 18:15:00	331******	0.1737	0.0219	1.024	0	1.046	101.5	0	101.6	0.99
2018-12-12 18:00:00	331******	0.1796	0.0324	1.06	0	1.084	101.4	0	101.6	0.98

（3）查看近期上报数据，中继召测实时电流数据，两者一致，转"现场检查"。

（4）经现场检查，用户负荷过小引起负荷持续超下限异常。

（二十二）功率因数异常

一般处理步骤

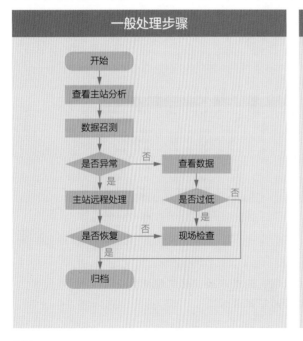

关键点控制

- 查看主站分析：在闭环管理系统中，点击"主站分析"查看异常详细信息。
- 数据召测：中继召测用户实时有功、无功示值，并与近期上报有功、无功数据比对，判断是否存在异常数据。
- 是否异常：若存在异常，则说明终端上报数据异常，通过重新下发测量点参数、测量点任务、远程重启终端等方式处理，判断是否恢复。
- 是否恢复：若数据未恢复，则转"现场检查"环节；若已恢复，反馈后转"待归档"环节。
- 查看数据：若中继召测的实时有功、无功示值与近期上报的一致，不存在异常，则查看近期有功、无功电量，计算用户日平均功率因数，并与总功率因数比较，判断用户日平均功率因数是否过低。
- 是否过低：若用户日平均功率因数偏低，则转"现场检查"环节。

典型案例一：误报导致功率因数异常

数据项名称	值
当前正向有功总电能	3238.49
当前一象限无功总电能	171.63
当前四象限无功总电能	15667.43

（1）查看"主站分析"，显示某专变用户 2 月 16 日发生功率因数异常。

（2）中继召测用户实时有、无功示值，并与近期上报有功、无功数据比对，数据正常。

典型案例二：无功补偿装置未开启自动投切

❸

查询结果：【符号 "—" 含义为参见左列】

日期	局号(终端/...	正向有功总(kWh)	无功电能Ⅰ(kvarh)	—Ⅳ	—尖	—峰	—平	—谷	反向有功总(kWh)	—尖	—峰	—平	—谷
2019-02-22	331010105...	3237.69	171.63	15660.56	180.91	2250.41	0	806.36	0	0	0	0	0
2019-02-21	331010105...	3234.86	171.63	15645.99	180.61	2248.67	0	805.58	0	0	0	0	0
2019-02-20	331010105...	3232.66	171.63	15631.32	180.46	2247.52	0	804.67	0	0	0	0	0
2019-02-19	331010105...	3229.99	171.63	15616.86	180.2	2245.85	0	803.93	0	0	0	0	0
2019-02-18	331010105...	3226.9	171.63	15602.13	179.79	2244.04	0	803.06	0	0	0	0	0
2019-02-17	331010105...	3224.94	171.63	15587.31	179.56	2243.24	0	802.13	0	0	0	0	0
2019-02-16	331010105...	3221.94	171.63	15572.51	179.31	2241.71	0	800.9	0	0	0	0	0

（3）查看近期有功、无功数据，计算 2 月 16 日至 22 日之间的平均功率因数 $\cos\phi=0.204$，数值偏低。

（4）经现场检查发现用户无功补偿装置未开启自动投切，导致无功过补偿。

（二十三）电能表时钟异常

一般处理步骤	关键点控制

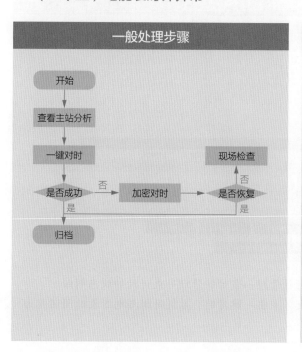

关键点控制

- 查看主站分析：在闭环管理系统中，点击"主站分析"，查看异常详细信息。
- 一键对时：进入采集系统，依次点击运行管理—时钟管理—新时钟管理—表计时钟状态明细，选择单位节点内存在时钟误差的电能表，点击一键对时，判断是否成功（系统时间与电能表时间误差在 120s 以内，视为对时成功）。
- 是否成功：若一键对时不成功，则进行加密对时；若成功，反馈后转"待归档"环节。
- 加密对时：点击加密对时，点击"召测时间"，查看系统时间与表计时间，确认对时是否成功。
- 是否恢复：若加密对时不成功，则转"现场检查"环节；若成功，反馈后转"待归档"环节。

操作要点

（1）进入采集系统，依次点击运行管理—时钟管理—新时钟管理—表计时钟状态明细。

（2）选择单位节点内存在时钟误差的电能表，点击一键对时，系统时间与电能表时间误差为160s，对时失败。

操作要点

3

4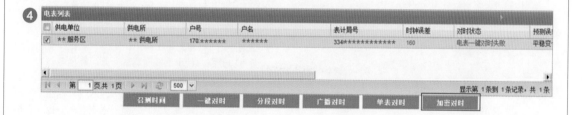

（3）弹出对话框，点击确定。

（4）点击加密对时，对时成功，后转"待归档"环节。

（二十四）反向电量异常

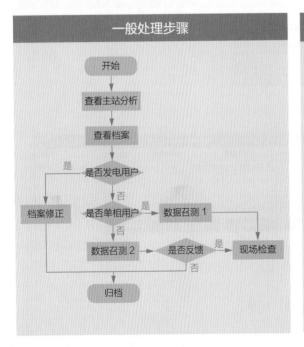

一般处理步骤	关键点控制

- **查看主站分析**：在闭环管理系统中，点击"主站分析"，查看异常详细信息。
- **查看档案**：查询用户营销系统档案，判断用户是否为发电用户。
- **是否发电用户**：若用户为发电用户，则更正营销系统档案，反馈后转"待归档"环节；若用户非发电用户，则判断是否为单相用户。
- **数据召测 1**：若为单相用户，中继召测正向有功和反向有功数据，若示值同时增加，则可能是电能表质量可题；若仅反向电量增加，怀疑用户窃电或接线错误。
- **数据召测 2**：若为三相用户，中继召测分相正反向电量、电流、相角等数据，判断是否电能表一相或多相反接。
- **是否反接**：经综合分析，若判定为反接，则转"现场检查"环节；若未反接，反馈后转"待归档"环节。

注：高压用户可进一步查看负荷数据，如反向电流出现时间集中在负荷较小时，还应考虑用户负荷特性。

典型案例一：单相用户进出线接反

1 户号 [　　　] 户名 [　　　] 终端资产编号 [　　　] 终端逻辑地址 [　　　]

反向电量异常
0.异常分析　　1.反向电量召测

异常现象
2018-12-11-2018-12-12期间，反向电量为：2.78

2 用电客户基本信息

立户日期：	2017-06-15		销户日期：		客户编号：	
客户名称：					用户编号：	
用户名称：					原用户编号：	
用电地址：					自定义查询号：	
合同容量：	15	kW/kVA	原来区域：	**供电所	用电类别：	普通工业
行业分类：	针织或钩针编织物及其制品制造		高耗能行业类别：		负荷性质：	三类
用户分类：	低压非居民		厂休日：		供电电压：	交流380V
生产班次：			临时供用关系号：		转供标志：	无转供
电费通知方式：	短信		电费结算方式：	抄表结算	置复类型：	居民发置
抄表段号：			收费协议号：		缴费方式：	电力机构柜台收费
运行容量：	15	kW/kVA	截止时间：		当前状态：	正常用电客户
停电标志：	未实施停电		临时用电标志：	非临时用电	临时用电到期日期：	
重要性等级：			检查人员：		检查周期：	99
上次检查日期：	2017-06-15		送电日期：	2017-06-15	城农网标志：	

3
数据项名称	值
当前正向有功总电能	0.00
当前反向有功总电能	45.93

（1）查看"主站分析"，显示某低压用户 12 月 11 日至 12 日期间发生反向电量异常。

（2）查询用户营销系统档案，判定用户不是发电用户。

（3）因为该用户为单相用户，中继召测正向有功和反向有功数据，判断用户只有反向电量在增长。

（4）转"现场检查"环节，经现场检查发现该用户进出线接反。

典型案例二：三相用户 BC 相进出线接反

（1）查看"主站分析"，显示某低压用户 12 月 11 日至 12 日期间发生反向电量异常。

（2）用户为三相用户，则中继召测分相正反向有功数据与功率数据，疑似 B、C 相反接，转"现场检查"环节。

（3）经现场检查发现 BC 相进出线接反。

（二十五）潮流反向

一般处理步骤

```
开始
 ↓
查看主站分析
 ↓
查看档案
 ↓
是否发电用户 ──是──→ 档案修正
 │否
 ↓
数据召测1
 ↓
是否一致 ──否──→ 主站远程处理 → 是否恢复 ──是──→
 │是                              │否
 ↓                              现场检查
观察数据
 ↓
是否接近于1（现场检查）──否──
 │是
数据召测2
 ↓
是否相等
 ↓
归档
```

关键点控制

- 查看主站分析：在闭环管理系统中，点击"主站分析"，查看异常详细信息。
- 查看档案：查询用户营销系统档案，判断用户是否为发电用户。
- 是否发电用户：若用户为发电用户，则进行档案修正，反馈后转"待归档"环节。
- 数据召测1：若非发电用户，则分别召测终端和电能表的电压、电流等负荷数据，判断数据是否一致。
- 是否一致：若不一致，说明终端上报的数据异常，可通过重新下发测量点参数、测量点任务、远程重启终端等方式处理，判断是否恢复。
- 是否恢复：若数据未恢复，则转"现场检查"环节；若数据恢复，反馈后转"待归档"环节。
- 观察数据：若中继召测电能表和终端的电压、电流等负荷数据一致，则观察近期负荷数据，利用 PQUI 计算方法计算 S_1/S_2 的比值，判断 S_1/S_2 比值是否接近于 1。

一般处理步骤

```
                    开始
                     │
                查看主站分析
                     │
                 查看档案
                     │
    是              │
档案修正 ◄────── 是否发电用户 ───────► 现场检查
  ▲                 │否                    ▲
  │                                       │否
主站远程处理 ◄── 数据召测 1 ──► 是否接近于 1
  ▲                 │否              │是
  │是               │               │
是否恢复          是否一致        数据召测 2
  │否               │是              │
现场检查          观察数据      是否相等 ──►
                     │是           │是
                     └────► 归档 ◄──┘
```

关键点控制

- 是否接近于 1：计算 S_1/S_2 的比值，判断是否相对稳定接近 1，若比值与 1 偏差较大（超出 0.8～1.2 以外），则转"现场检查"环节。
- 数据召测 2：若比值相对稳定接近 1，则需通过计算 P 判断用户是否存在错接线或计量装置故障，中继召测总功率值和各相功率值，判断各相功率值之和是否与 P 相等。
- 是否相等：计算中继召测的各相功率值之和，若三相四线负荷 $P=Pa+Pb+Pc$ 或三相三线负荷 $P=P1+P2$，反馈后转"待归档"环节；若不相等，则转"现场检查"环节。

> **S_1/S_2 比值计算方法——PQUI**
>
> ①三相三线：$\sqrt{3}$倍电压、电流的平均值的乘积算出功率（S_1）与其在功率（S_2）比值。
>
> $S_1=\sqrt{3}\,U_L I_L$（其中为 U_L 线电压平均值，为 I_L 线电流平均值）
> $S_2=\sqrt{P^2+Q^2}$（其中 P 为瞬时有功功率，Q 为瞬时无功功率）
>
> ②三相四线：三相电压与对应其对应的三相电流的乘积（S_1）和与其视在功率（S_2）比值。
>
> $S_1=U_a I_a+U_b I_b+U_c I_c$（其中 U 为相电压，I 为相电流）
> $S_2=\sqrt{P^2+Q^2}$（其中 P 为瞬时有功功率，Q 为瞬时无功功率）

典型案例：用户无功补偿装置未开启自动投切

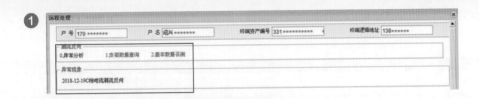

1 远程处理

户 号 170 ********　　户 名 绍兴 ********　　终端资产编号 331 ***********　　终端逻辑地址 138 ******

潮流反向
0.异常分析　　　1.负荷数据查询　　　2.基本数据召测

异常现象
2018-12-19 C相电流潮流反向

2 召测结果列表

表计局号	测量点号	数据项名称	值
7　334*****************	1	当前A相电压	233.9
7　334*****************	1	当前B相电压	233.0
7　334*****************	1	当前C相电压	233.4
7　334*****************	1	当前A相电流	0.000
7　334*****************	1	当前B相电流	10.560
7　334*****************	1	当前C相电流	-10.490

（1）查看"主站分析"，显示某专变用户 12 月 19 日发生潮流反向异常，查看用户档案，用户非发电用户。

（2）中继召测电能表和终端的电压、电流等负荷数据，核查终端上报数据是否准确。

典型案例：用户无功补偿装置未开启自动投切

序号	瞬时有功	无功(kvar)	A相电流	B相电流	C相电流	A相电压	B相电压	C相电压	S1	S2	S1/S2
1	0.71	4.5	0	12.2	-12	240.1	239.6	240	5.80312	4.555666801	1.273824503
2	0.71	4.46	0	12.1	-11.9	240.2	239.7	239.9	5.75518	4.516159873	1.274352583
3	0.71	4.51	0	12.2	-12	239.9	239.6	239.8	5.80072	4.565544874	1.270542763
4	0.71	4.51	0	12.2	-12	240	239.9	240.1	5.80798	4.565544874	1.272132935
5	0.71	4.47	0	12.1	-11.9	239.4	239.2	239.7	5.74675	4.526035793	1.269709358
6	0.7	4.38	0	11.9	-11.7	239.1	238.9	239.1	5.64038	4.435583389	1.271620778
7	0.69	4.28	0	11.6	-11.4	238	238	238.3	5.47742	4.335262391	1.26345755
8	0.69	4.25	0	11.6	-11.3	238.3	238.1	238.1	5.45249	4.305647454	1.266357745
9	0.69	4.13	0	11.3	-11.1	236.9	236.9	237.1	5.30878	4.187242529	1.267846312
10	112.51	97.21	187.6	202.2	194.9	232.8	232.4	233.1	136.09575	148.6885476	0.915307548
11	156.85	66.26	247.4	261.4	253.7	231.7	231.2	231.9	176.59129	170.2712838	1.037117276
12	122.91	69.41	197.8	212.1	204.1	232.1	231.7	232.3	142.46538	141.1545826	1.009286254
13	146.18	68.66	217.7	234.3	224.8	233.5	233.2	233.9	158.05243	161.5016656	0.978642724
14	129.97	64.81	198.2	214.2	205.3	232	231.7	232.3	143.30373	145.2326995	0.986718077
15	110.97	65.02	172.3	188.8	180	230.8	230.6	231.2	124.92012	128.6154785	0.971268167

（3）观察近期负荷数据，利用PQUI计算方法计算S_1/S_2比值，比值在0.8～1.2之间，分析为用户无功补偿装置未开启自动投切，导致无功过补偿，点击误报，转待归档。

（二十六）其他错接线

一般处理步骤	关键点控制

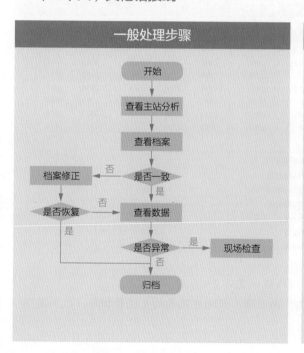

- 查看主站分析：在闭环管理系统中，点击"主站分析"，查看异常详细信息。
- 查看档案：查询用户采集系统档案，判断接线方式是否与营销系统档案一致。
- 是否一致：若用户采集系统档案错误，则同步采集系统档案，若档案修正后，异常恢复，反馈后转"待归档"环节；若未恢复，则查看负荷数据继续分析。
- 查看数据：若用户采集系统档案正确，查看三相电压、电流、有功、无功和视在功率及其比值的详细数据，同时结合其他异常现象进行辅助判断，比如潮流反向、失压、失流等异常告警。
- 是否异常：若电压、电流均在正常值内，当整点数据中大多数时间点 S_1/S_2 的比值相对稳定并且普遍超出 08～1.2 以外，则需中继召测用户实时负荷数据（三相反向有功电能、三相电流、三相相角等）进一步综合分析。疑似现场错接线的，转"现场检查"环节。若不存在异常，反馈后转"待归档"环节。

典型案例：谐波干扰

① 查询结果

日期 ▾	局号(终端/表计)	瞬时有功(kW)	无功(kvar)	A相电流(A)	←B相	←C相	A相电压(V)	←B相	←C相
2017-12-12 13:00:00	333 ******	0.6398	−0.4266	2.952	2.957	2.804	239.6	239.9	240.2
2017-12-12 12:45:00	333 ******	0.6369	−0.4431	2.939	2.96	2.765	239.6	240.3	240.1
2017-12-12 12:30:00	333 ******	0.6601	−0.3991	2.859	2.843	2.734	238.4	238.8	239.1
2017-12-12 12:15:00	333 ******	0.6642	−0.4178	2.891	2.89	2.734	238.9	239.5	239.4
2017-12-12 12:00:00	333 ******	0.6218	−0.4087	2.923	2.912	2.779	240.2	240.9	240.8
2017-12-12 11:45:00	333 ******	0.6411	−0.45	2.831	2.822	2.722	241	241.6	241.6

②

数据项名称	值	数据项名称	值
当前A相正向有功电能	1566.11	当前A相电流	3.044
当前A相反向有功电能	0.00	当前B相电流	3.056
当前B相正向有功电能	1495.53	当前C相电流	2.797
当前B相反向有功电能	0.02	A相相角	328.8
当前C相正向有功电能	1364.23	B相相角	330.3
当前C相反向有功电能	0.00	C相相角	329.8

（1）用户三相电流均未出现负值，但 S_1/S_2 的比值一直为 2.6 左右。

（2）召测电能表的分相有功示值，均不存在反向示值；召测电能表的电流和相角，也未发现用户接线错误。

典型案例：谐波干扰

❸

数据项名称	值
当前A相有功功率	0.2194
当前A相无功功率	−0.1519
当前A相电压	240.4
当前A相电流	2.949

数据项名称	值
当前B相有功功率	0.2116
当前B相无功功率	−0.1380
当前B相电压	240.4
当前B相电流	2.990

数据项名称	值
当前C相有功功率	0.2163
当前C相无功功率	−0.1293
当前C相电压	240.7
当前C相电流	2.787

（3）进一步召测用户各相的有功功率、电压、电流，发现分相的电压、电流乘积与视在功率不一致，比值约为 2.5。与 S_1/S_2 的计算值基本一致，疑似谐波干扰引起。

（4）经现场检查发现存在谐波设备。

（二十七）二次回路短路（分流）

一般处理步骤	关键点控制
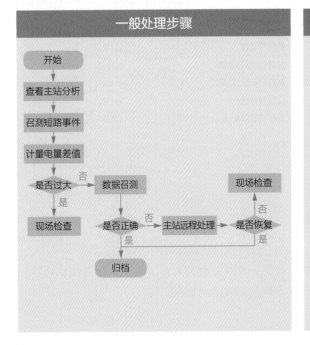	• 查看主站分析：在闭环管理系统中，点击"主站分析"，查看异常详细信息。 • 召测短路事件：召测回路检测仪二次回路短路事件。 • 计算电量差值：查看回路检测仪二次回路短路事件，计算事件发生后一天和前一天（排除事件当天）电量差值，判断差值是否过大。 • 是否过大：若召测存在短路事件且电量差值很大，则转"现场检查"环节。 • 数据召测：若电量差值在合理范围内且未发现有短路事件，则中继召测回路检测仪参数，判断是否正确。 • 是否正确：若参数正确，反馈后转"待归档"环节；若参数不正确，则可通过重新下发测量点参数、测量点任务、远程重启终端等方式处理并观察，判断是否恢复。 • 是否恢复：若数据未恢复，则转"现场检查"环节；若已恢复，反馈后转"待归档"环节。

（二十八）二次回路开路

一般处理步骤

关键点控制

- 查看主站分析：在闭环管理系统中，点击"主站分析"，查看异常详细信息。
- 召测开路事件：召测回路检测仪二次回路开路事件。
- 是否发生：召测开路事件第二天电能表和回路检测仪的电流最大值，查看是否存在电流失流事件。
- 电流值是否很小：若确实存在开路事件且电能表和回路状态检测仪的电流最大值很小，且对应相发生电流失流事件，则转"现场检查"环节。
- 数据召测：若电能表和回路状态检测仪的电流最大值在合理范围内且未发现有开路事件，则召测回路状态检测仪参数，判断是否正确。
- 是否正确：若参数正确，反馈后转"待归档"环节；若参数不正确，则可通过重新下发测量点参数、测量点任务、远程重启终端等方式处理并观察，判断是否恢复。
- 是否恢复：若数据未恢复，则转"现场检查"环节；若已恢复，反馈后转"待归档"环节。

（二十九）回路串接半导体

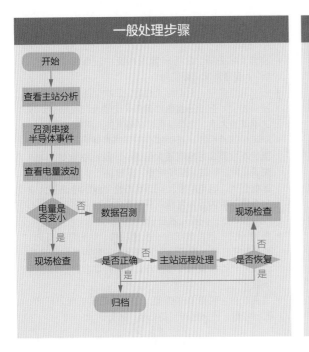

一般处理步骤	关键点控制

关键点控制

- 查看主站分析：在闭环管理系统中，点击"主站分析"，查看异常详细信息。
- 召测串接半导体事件：召测回路状态检测仪 CT 回路串接半导体事件。
- 查看电量波动：召测开事件发生后一天和前一天（排除事件当天）电量差值和电能表电能量在事件前后两天内的日电量波动情况。
- 电量是否变小：若召测存在 CT 回路串接半导体事件且电能表和回路状态检测仪的电量明显变小，则转"现场检查"环节。
- 数据召测：若电能表和回路状态检测仪的电量未明显变化内且未发现有 CT 回路串接半导体事件，则召测回路状态检测仪参数，判断是否正确。
- 是否正确：若参数正确，反馈后转"待归档"环节；若参数不正确，则可通过重新下发测量点参数、测量点任务、远程重启终端等方式处理并观察，判断是否恢复。
- 是否恢复：若数据未恢复，则转"现场检查"环节；若已恢复，反馈后转"待归档"环节。

（三十）一次短路

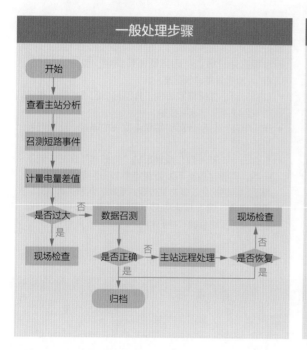

一般处理步骤

（流程图）

开始 → 查看主站分析 → 召测短路事件 → 计量电量差值 → 是否过大

是否过大 —否→ 数据召测 → 是否正确 —否→ 主站远程处理 → 是否恢复 —否→ 现场检查

是否过大 —是→ 现场检查

是否正确 —是→ 归档

是否恢复 —是→ 归档

关键点控制

- 查看主站分析：在闭环管理系统中，点击"主站分析"，查看异常详细信息。
- 召测短路事件：召测回路检测仪一次回路短路事件。
- 计算电量差值：查看回路检测仪一次回路短路事件，计算事件发生后一天和前一天（排除事件当天）电量差值，判断差值是否过大。
- 是否过大：若召测存在短路事件且电量差值很大，则转"现场检查"环节。
- 数据召测：若电量差值在合理范围内且未发现有短路事件，则召测回路检测仪参数，判断是否正确。
- 是否正确：若参数正确，反馈后转"待归档"环节；若参数不正确，则可通过重新下发测量点参数、测量点任务、远程重启回路检测仪等方式处理并观察，判断是否恢复。
- 是否恢复：若数据未恢复，则转"现场检查"环节；若已恢复，反馈后转"待归档"环节。

（三十一）短接电能表

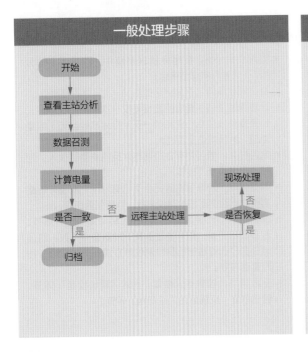

一般处理步骤	关键点控制

- 查看主站分析：在闭环管理系统中，点击"主站分析"，查看异常详细信息。
- 数据召测：在采集系统中，分别召测回路检测仪和电能表当前以及日冻结数据。
- 计算电量：分别计算终端和电能表的电量，比对两者是否一致。
- 是否一致：若一致，反馈后转"待归档"环节；若不一致，则通过重新下发测量点参数、测量点任务、远程重启回路检测仪等方式处理并观察，判断是否恢复。
- 是否恢复：若数据未恢复，则转"现场检查"环节；若恢复，反馈后转"待归档"环节。

（三十二）电能表计量示值错误

一般处理步骤	关键点控制

一般处理步骤

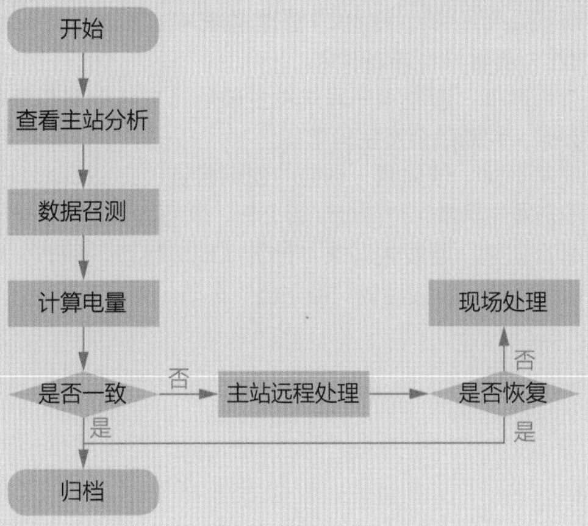

开始

↓

查看主站分析

↓

数据召测

↓

计算电量

↓

是否一致 ──否──→ 主站远程处理 ──→ 是否恢复 ──否──→ 现场处理

│是　　　　　　　　　　　　　　　　　　│是

↓　　　　　　　　　　　　　　　　　　↓

归档

关键点控制

- 查看主站分析：在闭环管理系统中，点击"主站分析"，查看异常详细信息。
- 数据召测：在采集系统中，分别召测终端和电能表当前以及日冻结数据。
- 计算电量：分别计算终端和电能表的电量，比对两者是否一致。
- 是否一致：若一致，反馈后转"待归档"环节；若不一致，则通过重新下发测量点参数、测量点任务、远程重启回路检测仪等方式处理并观察，判断是否恢复。
- 是否恢复：若数据未恢复，则转"现场检查"环节；若恢复，反馈后转"待归档"环节。

（三十三）磁场异常

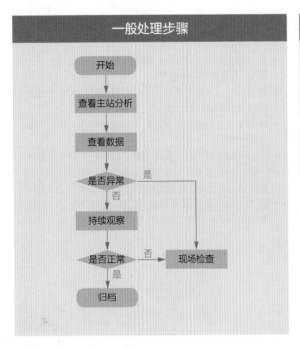

一般处理步骤	关键点控制

关键点控制

- 查看主站分析：在闭环管理系统中，点击"主站分析"，查看异常详细信息。
- 查看数据：查看用户异常发生前后日冻结电量及负荷数据，判断是否发生异常。
- 是否异常：若异常，则转"现场检查"环节；若当天没有发生异常，则持续观察 2 日，判断数据是否正常。
- 是否正常：若发生异常，则转"现场检查"环节；若维持正常，反馈后转"待归档"环节。

一般处理步骤（流程图）

开始 → 查看主站分析 → 查看数据 → 是否异常（是→现场检查；否↓）→ 持续观察 → 是否正常（否→现场检查；是↓）→ 归档